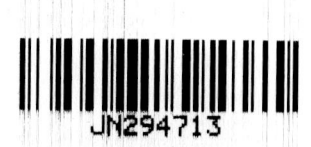

イラスト

基本からわかる 堆肥の作り方・使い方

東京農業大学教授
後藤逸男 監修

家の光協会

はじめに

品質のよい野菜や花を育てるために最も大切な条件のひとつが、土を“ふかふか”にすることです。“ふかふか”の土とは、まず土が軽いこと、そして細かい土の粒子が結びついて団粒構造を作り上げていることです。そうすれば、水はけと水もちがよくなります。水がはけた後には新鮮な空気が入って通気性もよくなり、植物が根を伸ばすのに最適な状態となります。この団粒化には、土の粒子同士をくっつける接着材、すなわち“のり”が必要です。その原料となる物質のひとつが有機物です。

植物が土から吸収する養分はチッソ・リン酸・カリなどの無機物ですので、化学肥料だけで植物を栽培することは可能です。しかし、化学肥料だけで作物を栽培し続けると、土の中の有機物が徐々に微生物の働きで分解され、団粒を作っている“のり”まで分解されてしまいます。その結果、団粒が破壊され、それが地力の低下にもつながります。

従って、“ふかふか”の土をキープするには、有機物の補給が欠かせないわけです。土に有機物を補給するにはさまざまな方法がありますが、古くから使われてきたものが堆肥です。

堆肥とは、落葉や収穫後の野菜くず、牛ふんや鶏ふんなど農家の暮らしの中から出るさまざまな有機物を原料とし、微生物の力を借りて発酵させた資材です。

近年、家庭でガーデニングを楽しむ人が増えていますが、ある程度の経験を重ねると、「もっとおいしい野菜を作りたい」「せっかくなら環境にやさしい園芸をめざしてみたい」と思われるようで、堆肥を使った土づくりに取り組もうとする人が以前より多くなっているように感じます。

プロの農家であれば、一度に数トンもの堆肥を作りますが、家庭園芸ではそんな量は必要ありません。では、そうした小規模の堆肥づくりは難しいのかと言えばけっしてそうではなく、庭ではコンポスト容器で、ベランダでも、段ボール箱やペットボトルなどを使っても作ることができます。

堆肥の材料も稲ワラや家畜ふんなどは、一般家庭ではなかなか手に入りにくいのではないかと思われがちですが、台所から出る生ゴミはもちろん、庭の落葉や雑草や枯れ草、ペットのふんなど、身の回りには堆肥の材料で溢れています。なにも使い道がなければゴミとして処分されるものを堆肥化し、土の中に還元して作物を育てる。こうした自然の循環を感じることができるのも、堆肥づくりの大きな魅力なのではないでしょうか。

ただ、堆肥づくりや堆肥を使うのに一生懸命になるのはよいのですが、堆肥が土にどのような作用を及ぼし、作物にとってなにが有益なのか、基本的なことを理解されていない方も多いようです。例えば、堆肥と肥料を混同したり、「堆肥を多く施すほど作物がよく育つ」といった思い込みがあったりします。また近年では、栽培中の作物を収穫せずに、有機物として直接土に還元する「緑《りょく》肥《ひ》」の利用が、注目されつつあります。この堆肥と緑肥の使い分けをどうすればよいのでしょうか。

本書で堆肥や緑肥といった有機物を効果的に使うためのノウハウを理解し、正しく計画的に使って、ワンランク上の家庭園芸を楽しみましょう。

2012年1月
後藤 逸男

contents

contents

第1章

堆肥とは何か

堆肥とは、土の状態を植物が生育しやすい環境に整えるための土壌改良（土づくり）資材です。堆肥を施すことで土がふかふかになり、水はけや水もちがよくなります。また、堆肥に豊富に含まれる有機物は土壌微生物のエサになり、微生物が活発に働くようになります。まずは、土づくりになくてはならない堆肥について、その基礎を学んでいきましょう。

有機物の循環と堆肥

自然界では有機物は循環している

自然界では、植物は太陽の光を浴びて有機物を作ります。その有機物である落葉や枯れ枝などが堆積し、土の中の微生物によって次第に分解されて土に還っていきます。

落葉が堆積した土は、弾力を持ったふかふかの土になっています。また、植物を摂取する草食動物も、それらをエサとする肉食動物も、ふんは土へと還り、その死骸も土に還っていきます。自然のままの原野では、何千年、何万年も変わることなく、こうした有機物の循環が行われてきました。

一方、人間が原野を耕やして作った畑に目を向けてみましょう。自然界では有機物が循環していますが、畑では作物をよい状態で収穫するために、雑草や作物の残さなどを取り除きます。さらには、作物を主に食料として利用するために、収穫物を畑の外に持ち出してしまいます。

このように、人の手が加わった畑では、有機物の循環をあえて妨げて作物を栽培するわけですから、必然的に有機物を土に還元する作業が必要になってくるのです。

■自然界の循環

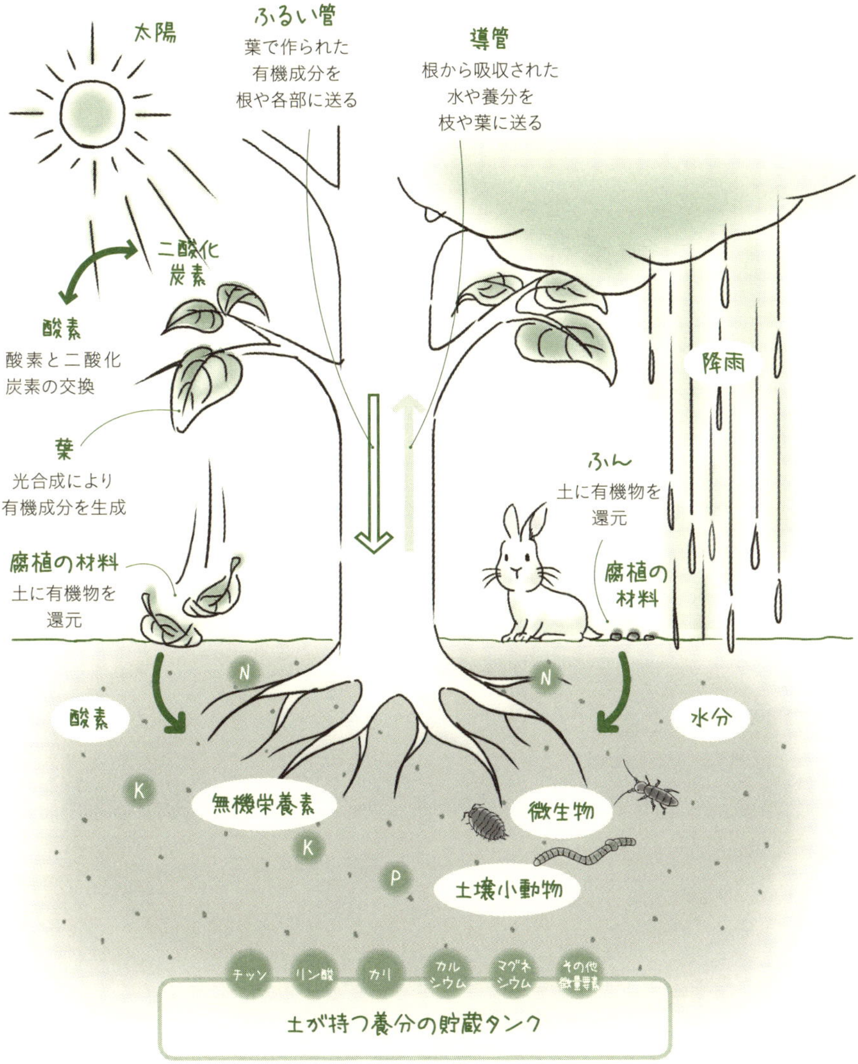

太陽
ふるい管
葉で作られた
有機成分を
根や各部に送る
導管
根から吸収された
水や養分を
枝や葉に送る
二酸化
炭素
酸素
酸素と二酸化
炭素の交換
葉
光合成により
有機成分を生成
降雨
ふん
土に有機物を
還元
腐植の材料
腐植の材料
土に有機物を
還元
N
N
酸素
水分
K
無機栄養素
K
微生物
P
土壌小動物
チッソ
リン酸
カリ
カルシウム
マグネシウム
その他
微量要素
土が持つ養分の貯蔵タンク

堆肥で有機物を供給する

　有機物を効果的に土に還元する資材として、昔から使われてきたのが堆肥です。堆肥とは、落葉や動物のふんなどの有機物を、微生物の力を借りて発酵させたものです。

　自然界では、その場にある有機物を循環させているのに対し、畑や花壇では、外に持ち出された有機物を、堆肥という資材を投入することによって、外から持ってくる必要があります。

　堆肥には、腐葉土や牛ふん堆肥、鶏ふん堆肥、バーク堆肥など、園芸店で入手しやすいもののほかに、家庭で出る生ゴミ（食品廃棄物）で作る生ゴミ堆肥などがあります。材料として使われている有機物に微生物を働かせて分解（堆肥化）させて作られており、この分解期間は、季節や使われる材料などによって異なりますが、１カ月から数カ月、あるいは半年以上におよぶこともあります。

■堆肥の種類

腐葉土	バーク	家畜ふん	生ゴミ
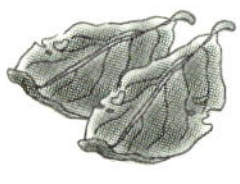 落葉	 バーク 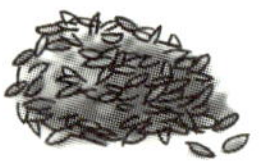 モミガラ	 牛ふん  豚ぷん  鶏ふん	 生ゴミ

完熟した堆肥は悪臭がほとんどなく、黒々とした色で、つかむとさらさらしています。

堆肥と腐植はどう違う？

ウクライナなどに分布するチェルノーゼム（黒《こく》土《ど》）に代表されるように、有機物を多く含む土は黒色をしています。その正体は腐《ふ》植《しょく》と呼ばれる有機物で、これが多ければ多いほど土の色は黒みを帯びます。

腐植とは、土の中で植物の残さや動物の死骸などの有機物が分解されてできたものです。この腐植が、砂や粘土を結びつけて粒々の土にしたり、植物にとって必要な養分を土の中に蓄えたりしてくれます。

よく、土の中の有機物をまとめて腐植と呼ぶことが多いのですが、正確には腐植と、非腐植物質（粗大有機物）とに分かれます。腐植は、自然が極めて長い年月をかけて作った有機物であり、堆肥を施したからといって、すぐに増えるわけではないのです。

堆肥を施す目的は、腐植を増やすということよりも、土壌微生物にエサを供給することと考えたほうがよいでしょう。微生物が活性化すると、次ページから詳しくみるように、土の物理性・化学性・生物性の改善に大いに役立つからです。

腐植の役割

腐植が、セメントのような働きをして、砂や粘土を結びつけ、土に独特の団粒構造を作っていく

堆肥の目的はよい土づくり

堆肥がもたらす3つの効果

植物は土の中に自らが必要とする肥料成分（養分）がなければ育ちませんが、植物の生長に堆肥は必ず必要、というわけでありません。

しかし、堆肥をまったく施さないで栽培を続けていると、土はやせて硬くなり、しだいに植物にとって生育しにくい環境になってきます。一方、毎年堆肥を施している畑では、生産が安定してきます。そのため、慣例的に堆肥を施した方がよいとされてきました。

堆肥の具体的な効果には、①品質向上、②収穫量の増産、③生産の安定の３つが挙げられます。

①品質向上（物理性改善の効果）

植物は根から養分を吸収するため、根に供給される養分や水分が適切な量であれば、品質が向上すると考えられています。つまり、養分（主にチッソ）と水分の絶妙なコントロールによって品質を高めることができます。

堆肥は、有機物が分解されることで、作物に適切な養分を与えるとともに、土をやわらかくふかふかの状態にし、水はけ、水もちを向上させます。

堆肥には
いろいろな効能が
あるんだなあ

また、土が柔軟になれば、根が十分に伸びて、根圏土壌の養分や水分の保持力をさらに増やすことにもなり、作物の品質向上につながっていきます。

■堆肥がもたらす3つの効果

土に堆肥を施すと…

↓

物理性の改善

団粒構造が発達し、通気性、水はけ、水もちを改善する。

腐葉土など炭素成分の多い堆肥ほど効果がある。

↓

根の発達を促し、養分と水分の吸収力を高める。

化学性の改善

多量要素、微量要素の養分を補い、作物の生育が向上する。

保肥力を高める。

チッソ成分の多い家畜ふん堆肥ほど効果が大きい。

生物性の改善

微生物が活性化し、土壌生物が多様化する。

土壌養分の供給力が向上する。

↓

品質向上

収穫量の増産

生産の安定

②収穫量の増産（化学性改善の効果）

堆肥を施すことで、チッソ、リン酸、カリのほか、植物が必要とする微量要素も土の中に供給する、肥料効果があります。そのため、植物はバランスよく養分を吸収し、収穫量が増えると考えられます。

また、チッソが多いと、タンパク質が合成される回路が働くため、植物の糖の成分が少なくなり、味や貯蔵性が低下します。化学肥料では、急にチッソの効果が現れるために、糖が減少しやすい傾向にありますが、堆肥では、土の中で有機物が分解されることで、徐々にチッソが放出されるので、植物はゆっくり吸収し、食味が向上します。

③生産の安定（生物性改善の効果）

堆肥を施すことで土の中の微生物は活発化し、生産が安定するようにもなります。生産の安定を阻害する大きな要因の一つである、連作障害の回避ができるからです。

連作障害は土壌中に残る有害微生物によるものが多いので、堆肥を使い、土の中の生物相を豊かにすることで微生物同士の拮抗関係が築かれ、有害微生物の増殖を防ぎ、生産が安定するようになります。

では、それぞれの効果について、さらに詳しくみていくことにしましょう。

堆肥の働きによる作物への効果

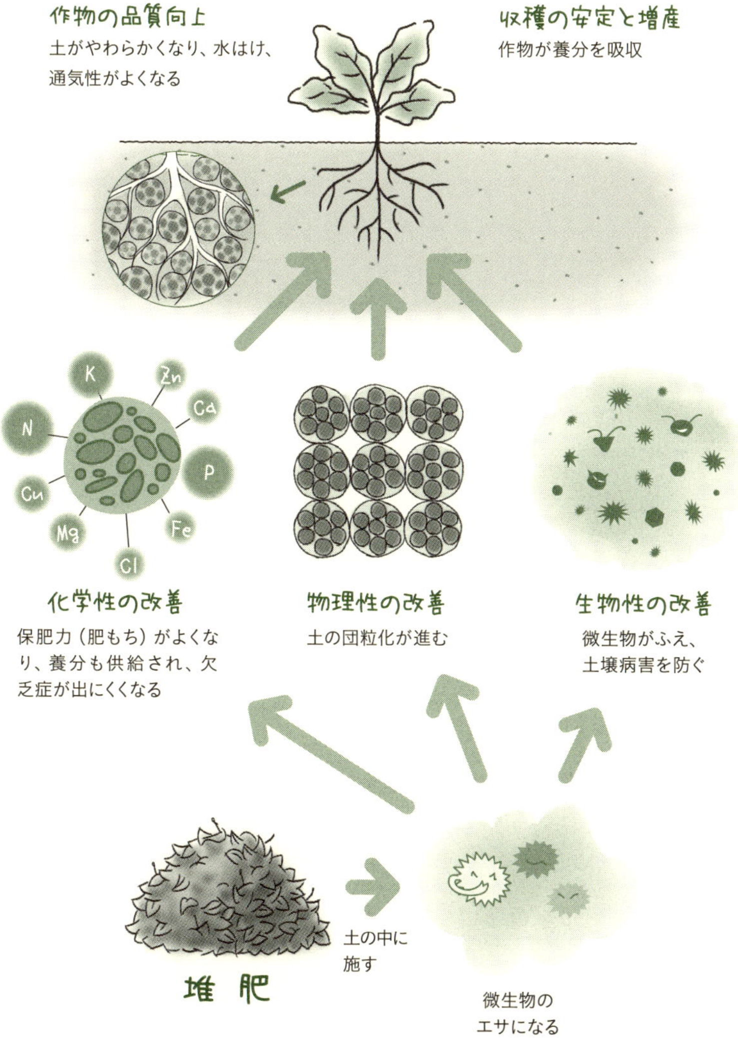
作物の品質向上
土がやわらかくなり、水はけ、
通気性がよくなる
収穫の安定と増産
作物が養分を吸収
K
Zn
Ca
N
P
Cu
Fe
Mg
Cl
化学性の改善
保肥力（肥もち）がよくな
り、養分も供給され、欠
乏症が出にくくなる
物理性の改善
土の団粒化が進む
生物性の改善
微生物がふえ、
土壌病害を防ぐ
堆肥
土の中に
施す
微生物の
エサになる

堆肥がもたらす効果①
～土の物理性の改善～

植物が生育しやすい土とは？

堆肥は、土の性質を改善するための土づくり資材（土壌改良資材）です。よく“土づくり”という言葉を耳にしますが、土とは、そもそも地球が長い年月をかけて作り上げたものであって、人間が作れるものではありません。土づくりの本来の意味は、植物が生育しやすい土壌環境に整えることです。

例えば、畑や花壇の土がいつも湿りすぎていると、土の中の酸素が不足して、水分を好む植物でさえ、根の生育が悪くなり、やがて根腐《ねぐさ》れを起こして枯れることがあります。逆に、水はけがよすぎて、いつも土がカラカラに乾燥していると、植物が必要とする水分や養分を十分に供給できなくなってしまいます。

水はけや通気性をよくしながら、水もちもよい、という一見矛盾したかのような土の環境が、植物にとって生育しやすいのですが、それを実現してくれるのが、団粒構造の土です。

単粒構造と団粒構造

土の粒が一つずつばらばらに並んでいる状態を「単粒構造の土」、土の粒が集まって大小の団子状の塊が集まっている状態を「団粒構造の土」と呼びます。

単粒構造の土

水分はよく保たれますが、小さい粒の間のすき間は狭いので、空気の入りが悪く、根の呼吸が妨げられます。

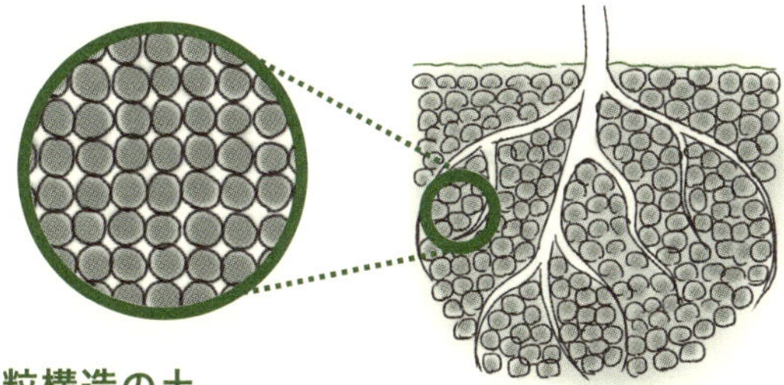

土の粒が小さい粘土質の場合は、水分は保たれるが通気性が悪い。逆に、粒が大きい砂質の場合は水分不足、肥料不足になる。

団粒構造の土

大きな粒の間に広いすき間ができるので、水はけがよく、その後に空気が入っていくため通気性もよい土です。また、団粒の中の各小さい粒によって水もちもよいので、植物の生育に好ましい土といえます。

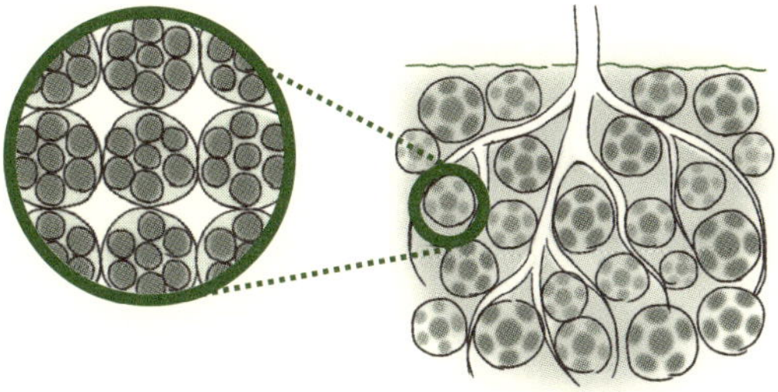

大きな団粒を拡大してみると、それぞれ小さな団粒で構成され、その小さな団粒もさらに小さな団粒で構成されている。

1-3 堆肥がもたらす効果①　～土の物理性の改善～

団粒構造の土はなぜいいのか？

土の団粒構造について、さらに詳しくみていくことにしましょう。

根は呼吸によって酸素を取り入れて、体内に蓄えている有機物を燃やして二酸化炭素を排出し、そのエネルギーによって水分や養分を吸収しています。そのため、通気性がよく十分な酸素がある環境では、活発に新しい根をどんどん伸ばそうとします。反対に土の中に空気が通らず酸素不足になると、根は窒息状態になって根の先から枯れていきます。これが、いわゆる根腐れの状態です。根腐れを防ぐには、土を耕してふかふかの状態にし、団粒化させることが必要になります。

一つの団粒を拡大してみると、それぞれが小さな団粒からできており、小さな団粒もさらに小さな団粒からできています。団粒間の広さにより役割が変わり、すき間が狭ければダムのように水が貯まりますから、しばらく日照りが続いても水分を保持します。逆にすき間が広ければ、水分はその間を通り抜け、その後には新鮮な空気が流れ込んできます。

土を団粒化させることで、大小さまざまなすき間が形成され、土の水はけ、水もち、通気性が改善されていくのです。

団粒間の広さにより役割が変わる

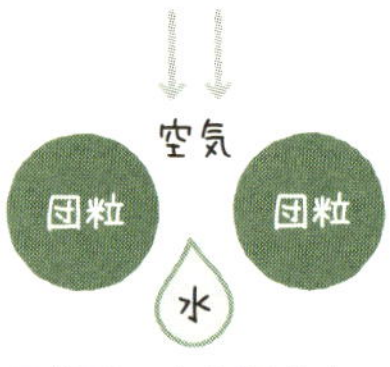

団粒間のすき間が広いと空気が流れ込む

団粒間のすき間が狭いと水が貯まる

堆肥は土の団粒化を促す

団粒を構成する粒子は、主に粘土と砂です。粘土や砂がそれぞれ20〜40%含まれていることが好ましいのですが、それだけでは団粒化しません。それには粒子が凝集することが必要です。

粒子が凝集する条件は3つあり、1つ目は「乾燥」、2つ目は「根の伸長」です。根が土の粒子を押し分けて伸びていくときに、その周囲の粘土や砂が凝集させられます。そして、3つ目が「微生物による働き」です。有機物が微生物によって分解される過程で“有機質ののり”が生成されますが、これが凝集した粘土と砂をくっつけるのです。

しかし、その結びつきはあまり強くないために、団粒の寿命もそう長くはなく、放っておくと、しだいに破壊され単粒構造に戻ってしまいます。そこで欠かせなくなってくるのが堆肥の施用です。堆肥を定期的に施すことで、微生物に有機物を分解してもらい、土の団粒化を促していくのです。

■微生物の働き

微生物が有機物を分解する過程で、“有機質ののり”を生成

堆肥がもたらす効果②
～土の化学性の改善～

多量要素（10aに5kg以上吸収されるもの）
チッソ、リン、カリウムのほかにカルシウム、マグネシウム、イオウ

微量要素（10aに100g以下しか吸収されないもの）
鉄、マンガン、銅、亜鉛、ホウ素、モリブデン、塩素、ニッケル

植物は無機物を吸収する

堆肥に含まれる有機物が微生物に分解されることによって生まれるのは、土の団粒化だけではありません。有機物が植物の養分（無機栄養素）に変わっていくのです。

堆肥に含まれる養分は有機物のかたちになっているため、そのままでは植物は吸収できず、いちど土の中の微生物に分解され、無機物のかたちになって初めて吸収することができます。

植物が必要とする養分の種類

ここで、植物が必要とする養分について触れておきましょう。

現在、植物が必要とする養分の「必須要素」は17種類あります。このうち、水素や酸素、炭素は、水や空気から葉や根を通じて吸収しますが、ほかの要素は、おもに土の中から根を通じて吸収しています。

植物がとくに必要とする三要素がチッソ、リン酸、カリです。チッソはすべての植物の生育に必要な要素で、「葉肥《はごえ》」ともいわれ、おもに茎葉を生育させます。リン酸は「花肥《はなごえ》」「実肥《みごえ》」といわれ、おもに花や実のつき、実どまりをよくします。カリは「根肥《ねごえ》」といわれ、根や茎を丈夫にし、病害虫への抵抗力も高めてくれます。

三要素の次に必要とするのが、カルシウム、マグネシウム、イオウで、これを「二次要素（中量要素）」といい、三要素と二次要素を合わせて「多量要素」といいます。これ以外の要素は少量で足りるので、「微量要素」と呼ばれます。

使われている材料にもよりますが、堆肥にはさまざまな養分が含まれています。ただし、植物が必要とする養分バランスを堆肥だけで整えることは難しいので、不足する分は肥料で補ってやります。

■堆肥と肥料は補い合う関係

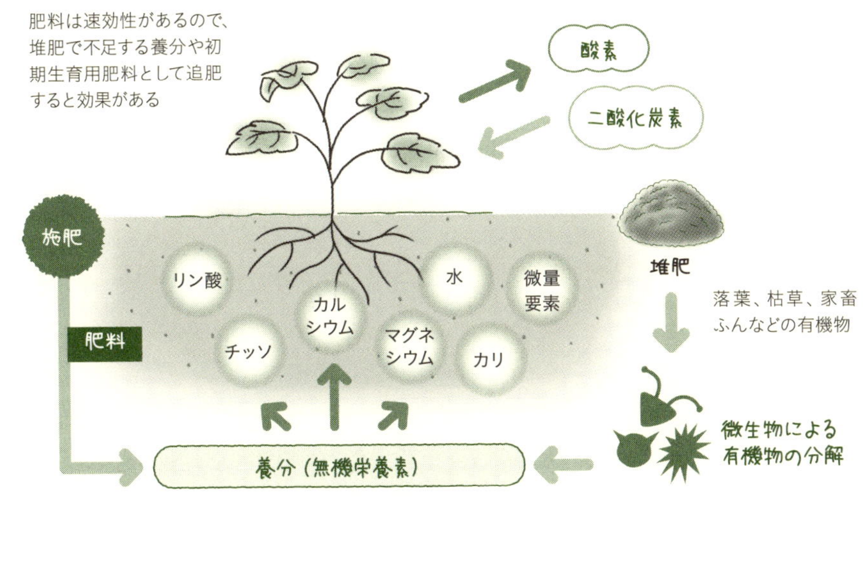

1-4 堆肥がもたらす効果②
～土の化学性の改善～

土の保肥力

植物は必要なときに必要な量の養分を根から吸収しなければなりませんが、土には養分を蓄えておく力「保肥力（肥もち）」があります。

土の中の養分のうち、チッソ、カリ、カルシウム、マグネシウムはいずれも水に溶けて陽イオンとなります。土は大小さまざまな粒子からできていますが、その中の粘土や腐植など細かい粒子からできたコロイド粒子が形成されています。コロイド粒子は通常、マイナスの電荷を帯びているため、陽イオンの養分は、電気的な引力に引かれてコロイド粒子の表面に吸着されて、雨水や灌水などによっても、容易には流されにくくなるのです。

保肥力の高い土とは、コロイド粒子が持つマイナスの電気の量（陰電荷量）が多い土のことをいいます。マイナスの電気を多く持っていれば、それだけ、陽イオンとなっている養分を吸着することができるためです。これは「陽イオン交換容量」という値で表され、英語の頭文字から「ＣＥＣ」と呼ばれています。

植物の根は、コロイド粒子と結びついた養分と、自らが持つ陽イオンとを置き換えることで、はじめて体内に吸収することができます。堆肥に含まれる有機物が徐々に分解され、その養分が土のコロイドと結びつくことで、肥えた土が作られていきます。

コロイド

分子よりは大きいが、普通の顕微鏡では見えないほど微細な粒子が分散している状態。膠質(こうしつ)。

堆肥と土の保肥力の関係

ＣＥＣの値は土の中に含まれる腐植や良質の粘土の量によって左右されます。堆肥を施すと、すぐに土の保肥力が向上すると思われがちですが、腐植や粘土は長い年月をかけて作られる物質であり、堆肥を施したからといって、直接的にＣＥＣが高くなるというわけではありません。

ただし、堆肥を土に入れると、それをエサとする微生物が増加し、彼らは養分を体内に蓄えることになります。その意味で、堆肥は、直接的に土の保肥力を高めるわけではありませんが、間接的に養分を貯蔵させる効果を発揮しているととらえることができます。

■陽イオン交換容量（CEC）の大きさの違い

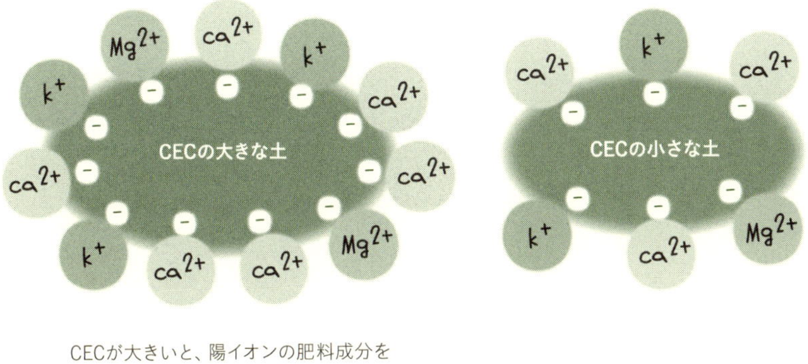

CECが大きいと、陽イオンの肥料成分をたくさん抱えることができる

養分過多には注意を

堆肥はゆっくりと肥料効果が効いてくることに、その特徴があるのですが、一つ注意しなければならないことがあります。それは、知らず知らずのうちに養分が蓄積してしまうことです。

堆肥を施すことによって土の中に送られた有機物は、微生物の格好のエサとなり、植物の養分（無機栄養素）に分解されますが、必ずしもすべてが分解されるわけではありません。一部、分解されない有機物は土の中に残り、次の年に分解されていくことになります。

つまり、堆肥を毎年施すことで、その年に分解されずに残った有機物は翌年にまた一部が分解され、養分を土の中に補給するということを繰り返していきます。

ここが肥料と大きく違う点です。肥料はそのときどきに植物が必要とする養分を与えることが目的ですが、堆肥は毎年使うことで、肥料効果がだんだん現れるとともに、その効果は蓄積されて長期的な養分補給力がしだいに高まっていくのです。

しかし、この堆肥の性質を理解しないで、家畜ふん堆肥や生ゴミ堆肥など、養分の多い堆肥をやみくもに施用し続けると、養分過多になってしまうので、まずは、しっかりと土の養分バランスを把握するように努めましょう。

家畜ふん堆肥を元肥
として使うときは肥料
成分を計算しましょう

■施用された堆肥は2年目以降も蓄積される

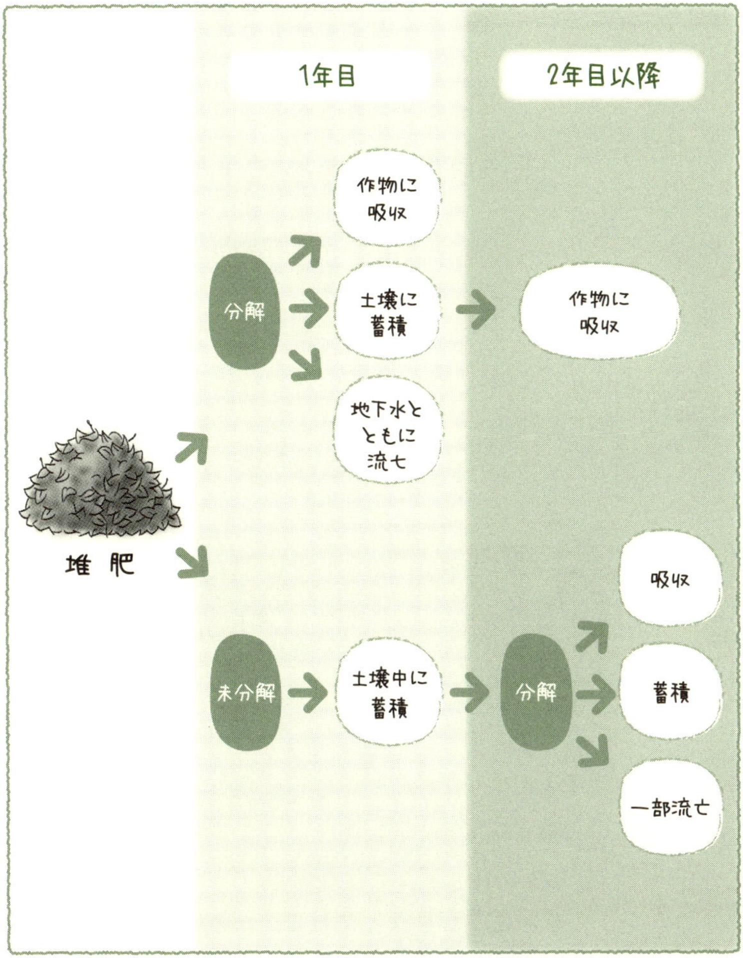

堆肥はすべての有機物がただちに分解されるわけではない。一部は未分解のまま残り、翌年以降に分解されるものもある。

堆肥がもたらす効果③
～土の生物性の改善～

土の中の微生物の働き

土の中に堆肥などの有機物を施すと、それをエサとして微生物はふえ、その働きも活性化していきます。微生物は有機物を分解し、土の団粒化を促して、植物に必要な養分も供給してくれます。

土の中にはとてもたくさんの微生物が棲み、土1gあたり1億以上の微生物がいるといわれています。しかも、その種類は多岐にわたります。微生物は生物学上大きく分けると、「菌類（カビ）」「細菌（バクテリア）」「藻類」「原生動物」の4つに分けられます。土の中では、主に菌類（カビ）と細菌（バクテリア）が有機物の分解に活躍します。

土の中で、まず菌類（カビ）がついて、有機物を大まかに分解し、さらに酵母、乳酸菌などの細菌（バクテリア）が、それを植物が吸収できる養分に分解していきます。

微生物が活性化するには、活動しやすい温度が保たれていることと、エサとなる有機物に含まれる炭素とチッソのバランス、そして、水と空気（酸素）のバランスが重要です。微生物にはたくさんの種類があり、それぞれに適した生育環境があります。

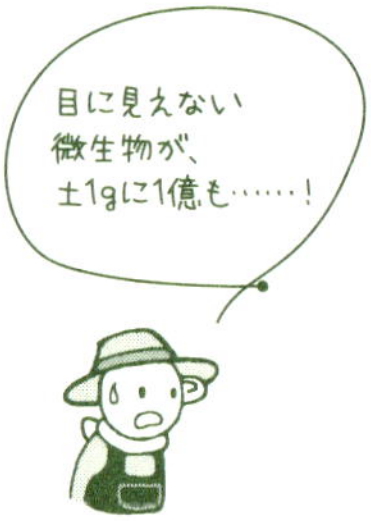
目に見えない
微生物が、
土1gに1億も……！

■土の中の微生物と小動物

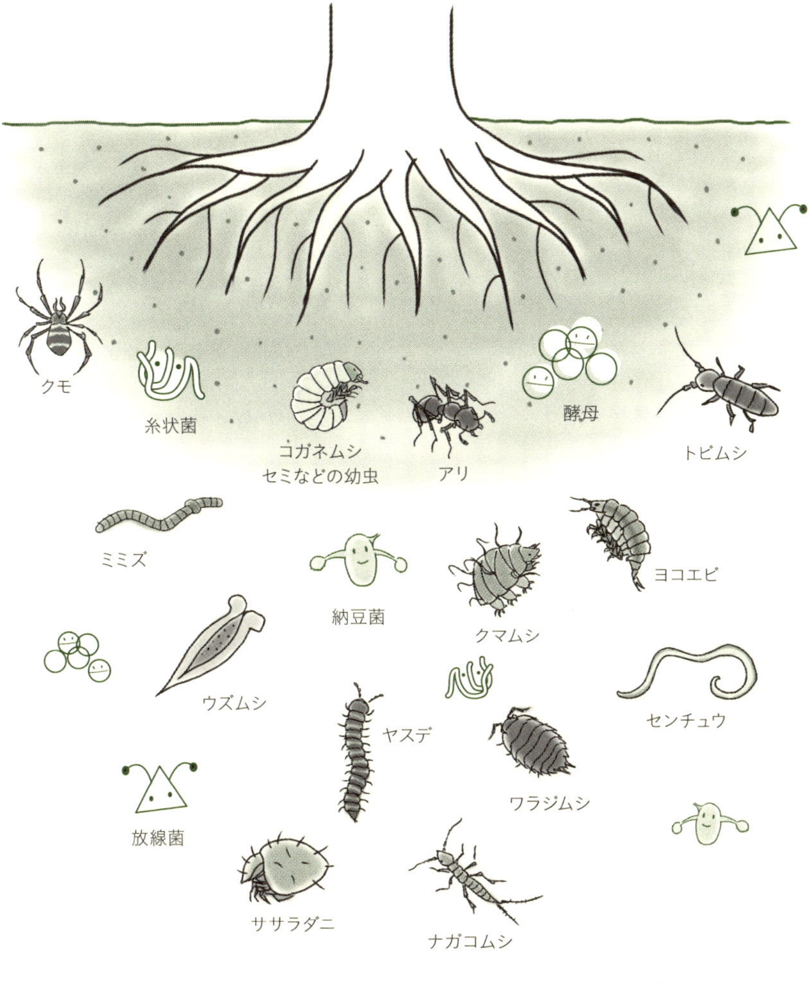

目に見えない微生物が無数にいるほかに、土の中には目に見える小動物もたくさんいる。例えば、ミミズがたくさんいる土は肥えている土とよくいわれるように、土の中の小動物たちは、ふんをしたり、移動により上下の土を入れ替えたりして土の団粒化を進める働きをする。

炭素とチッソのバランスが重要

微生物はエサとしての有機物を分解していくとき、炭素（C）とチッソ（N）のバランスを保ちながら増殖していきます。微生物自体も有機物であり、炭素を主成分とし、その10分の１程度のチッソを含んでいるので、その構成比に近い炭素とチッソが、堆肥の原料に必要です。この有機物中の炭素とチッソのバランスを「C／N比」と呼びます。

微生物のエサを人間の食事に例えていうならば、炭素はご飯＝炭水化物、チッソは肉などのおかず＝タンパク質です。それぞれ微生物が必要とする量をバランスよく摂ることで、エネルギーを得て、微生物も健康な体が作られるのです。

■有機物の発酵・分解は2段階で進める

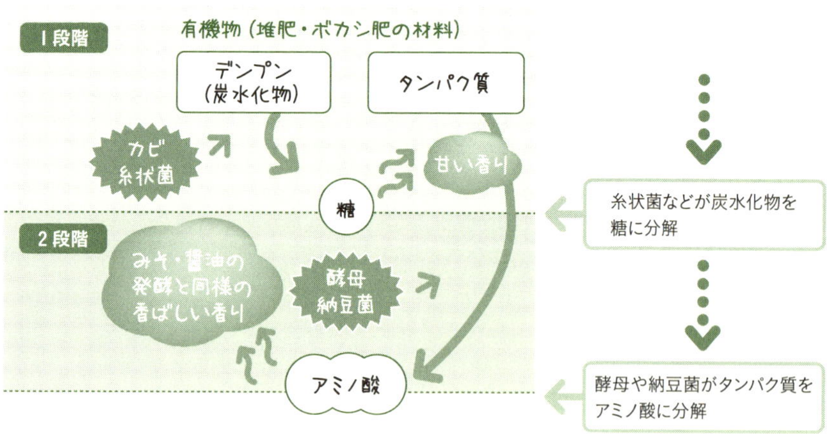

堆肥化で活躍する主な微生物

土の中と同様に、堆肥の中も微生物たちの宝庫です。微生物たちは堆肥が作られるときはもちろん、堆肥が土の中に施された後にも大きな役割を果たしてくれます。

微生物が有機物を分解するうえで、「C／N比」同様、水分条件も大切です。堆肥づくりに活躍する微生物（糸状菌、酵母、納豆菌、乳酸菌、放線菌など）が増殖しやすい水分条件は、およそ40～60％程度です。また、これらの微生物は、好みの水分状態のほかに、空気（酸素）が好きか嫌いかという環境条件にもうるさい性格があります。それぞれの性格や特徴をつかんでおきましょう。

糸状菌

糸状菌はコウジカビなどカビの仲間で、土壌微生物の中でもっとも多いといわれています。分子の大きな炭水化物を小さな炭水化物や糖に分解する機能があります。糸状菌の仲間は15～40℃という低めの温度を好みますから、堆肥の原料を積んだ後、ほかの微生物よりも早く活躍し始めます。しかし、温度がしだいに上昇して50℃以上になると、糸状菌の数は減っていきます。

植物病原菌に糸状菌が多いのは、糸状菌が植物のセンイを分解する力を持っていることと、作物の生育適温と好みの温度帯が重なるからです。

糸状菌の働き

炭水化物をより小さな炭水化物や糖に分解するので、他の微生物のエネルギーになる

1-5 堆肥がもたらす効果③ ～土の生物性の改善～

サイトカイニン

サイトカイニンは植物ホルモンの一種といわれる。主に根で合成されて、根から上に運ばれて細胞分裂の促進や側芽の生長促進、老化抑制の作用があることが発見されている。

微生物がタンパク質を分解してアミノ酸を作るとき、まず、糸状菌がデンプンを分解して糖を作り、その糖をエネルギーとして酵母や放線菌などが増殖し、彼らがタンパク質をアミノ酸に分解します。

糸状菌によるデンプンの分解が進まないと糖ができないために、アミノ酸を作るのも効率が悪いということになります。つまり、糸状菌は次に続く微生物の働きのために準備を整える役割を担っています。

酵 母

酵母にはタンパク質を分解してアミノ酸やサイトカイニン様物質を作ったり、糖を分解してアルコールに換えたりする機能があります。酵母が好むのも15～40℃という低めの温度なので、堆肥の山の裾部分や、外気と触れる表面部分などで増殖します。

酵母には空気の少ないところでも活動できる（通性嫌気性菌）という特徴があります。このため分解速度は遅いのですが、エネルギーロスも少ないので、効率よくアミノ酸を作り出すことができるのです。

■酵母の培養例

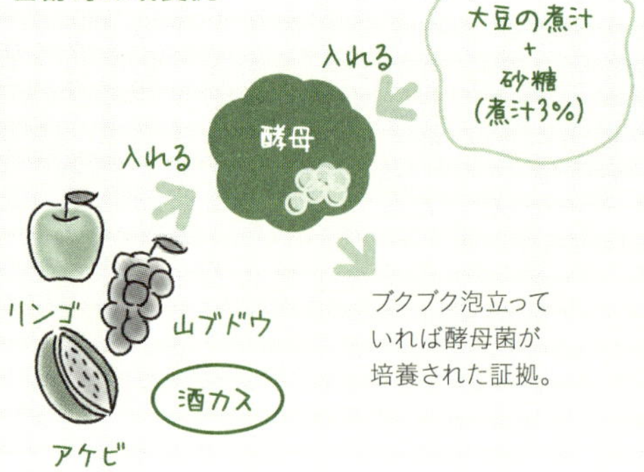

ブクブク泡立っていれば酵母菌が培養された証拠。

納豆菌

納豆菌はダイズ中のタンパク質を分解して旨味成分であるアミノ酸を作り、ネバネバ物質を作ることでよく知られています。このネバネバ物質は土の団粒化の形成にも役立っています。納豆菌の仲間は種類も多く、さまざまな酵素を持っており、例えばセルロースやタンパク質、油脂などを分解するものもいます。

これはとても重要なことです。というのは、畑に次の作物を栽培するにあたって、前作の残さなどが土中に残っている場合には、それをそのままにしておくと有害微生物のエサになりかねません。この未熟有機物を納豆菌が持つセルロース分解酵素が先取りすることで、有害微生物の繁殖を抑えます。

納豆菌は好気性の微生物で、30～65℃の温度を好みます。発酵は早いのですが、その分エネルギーも使うので、有機物中のチッソ分や炭水化物の減り方が大きくなります。また、有機物のチッソ分がアンモニアガスとなるので、悪臭が発生しやすいという特徴があります。

■納豆菌は好気性で多彩な働き

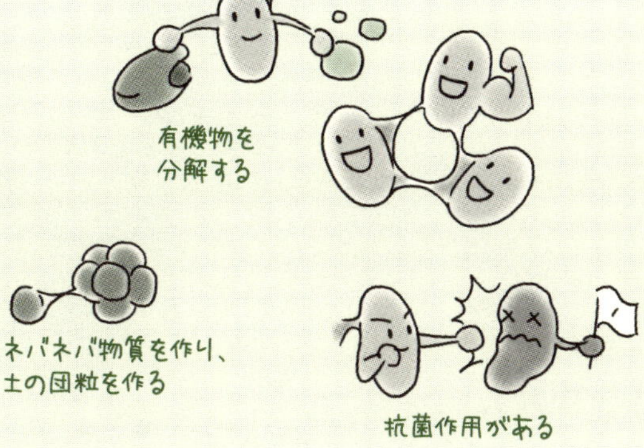

有機物を
分解する
ネバネバ物質を作り、
土の団粒を作る
抗菌作用がある

アミノ酸

アミノ基とカルボキシル基の両方を持つ有機化合物。いくつもつながってタンパク質をつくる。

1-5 堆肥がもたらす効果③ ～土の生物性の改善～

放線菌

放線菌は好気性の微生物で、湿気があって空気の通りがよいところ、例えば、腐葉土の下などに棲みついています。堆肥の表面から5～10㎝くらいのところに白い糸状または粉状に見えるのが放線菌です。

放線菌の大きな特徴は、土壌病害虫を抑える力を持っていることです。土壌病害虫のセンチュウ、甲虫類の表皮、フザリウム菌といったカビの仲間の細胞膜はキチン質でできています。放線菌はこのキチン質をキチナーゼという酵素で分解して栄養源としているので、放線菌が増殖することで病害虫の発生を抑えることができるのです。

■放線菌は土壌病害虫を抑える

これらの病害虫の細胞膜は
キチン質でできている

フザリウム菌

萎黄病、立枯病、つる割病などの原因となるのがフザリウム菌。

キチン質

カニ殻やエビ殻など甲殻類の殻はキチン質でできているので放線菌のエサになる。従って、堆肥原料に、甲殻類の殻を加えると土壌病害を抑制する堆肥ができる。

乳酸菌

乳酸菌は嫌気性菌で乳酸を作る微生物。乳酸は有機酸の一種で殺菌作用を持っている。そして有機酸はキレートを作るので土壌中のミネラルを可溶化して、作物に吸収しやすい形にする機能も持っている。

堆肥が微生物を活性化させる

土の中の微生物の活動が盛んになると、有機物の分解が促進され、植物への養分の供給力が高まります。

堆肥を施すことにより、土の中の微生物がそれに含まれる有機物をエサにして繁殖し、使われた堆肥だけでなく、それまでに土の中に蓄積されていた有機物の分解も促進してくれます。この効果を「プライミング効果（起爆効果）」と呼びます。この分解により、チッソを始めとする多くの養分が生み出されます。このチッソの一部は、増殖した微生物の中に取り込まれることによって、再び土の中に蓄積され、長い期間にわたり土壌にチッソを放出します。

堆肥を施すことで、有機物の分解に関与する土壌小動物、糸状菌、放線菌、細菌などさまざまな微生物群の生息がみられるようになります。これらの微生物たちはその大きさの違いごとに、団粒の内外にそれぞれの拠点を構えるようになります。多種多様な生物が育まれ、互いに共存・拮抗関係が築かれることで、特定の病原菌の増殖を抑えることができます（生物的緩衝機能の増大）。

堆肥はさまざまな
微生物をふやすヨ

堆肥と病害虫の関係

病害を軽減、一方で助長することも

堆肥の施用で土壌中の微生物がふえるため、土壌病虫害の発生が抑制されたという事例は多く報告されています。しかし、逆に堆肥を施用したことにより、堆肥が土壌病原菌の栄養になってしまい、その活動を助長して病害の発生を増やすこともあります。

堆肥の土壌病害に対する効果は、堆肥の種類や腐熟度の違い、土の性質の違い、病原菌の違い、さらに作物の違いなどによって異なります。

堆肥の施用による病害の抑制や発生の例（右図）に見るとおり、堆肥の持つ効果はあいまいな点があります。ただ、いえることは、堆肥には多種多様な微生物を育む効果はありますが、むろんその中には土壌病原菌もいることを忘れてはならないということです。

堆肥の有効性を過信せずに、多量に施すよりも、むしろ堆肥の原料をしっかり選択し、腐熟ぐあいを考えて、適切な時期に適切な量を施すことによって、土の物理性・化学性を改善していくことに努めていきましょう。そうすれば自然と土壌病害に対する抵抗力は高まっていくのです。

■堆肥施用と土壌病害発生との関係

堆肥の種類	軽減された病害	助長された病害
バーク	キュウリつる割病 トマト萎ちょう病 ジャガイモそうか病 ジャガイモ粉状そうか病	ナス半身萎ちょう病 ダイコン萎黄病 ダイコン褐色腐敗病 ナガイモ褐色腐敗病
牛ふん	コカブ根こぶ病	ダイコン萎黄病
鶏ふん	キュウリつる割病 トマト萎ちょう病 キャベツ萎黄病 キャベツ菌核病 ハクサイ根こぶ病 コカブ根こぶ病	トマト根腐萎ちょう病 ダイコン萎黄病 コンニャク軟腐病 ジャガイモ粉状そうか病 ダイコン横縞症状 ダイコン黒斑症状
豚ぷん	キュウリつる割病 キュウリ立枯性疫病 トマト萎ちょう病 コカブ根こぶ病	ナス半身萎ちょう病 ピーマン疫病 ダイコン萎黄病 ゴボウヤケ症 ジャガイモそうか病 コンニャク軟腐病 キャベツ萎黄病 レタス裾枯病
馬ふん		コカブ根こぶ病
オガクズ	キュウリつる割病 ユウガオつる割病	トマト根腐萎ちょう病 ダイコン萎黄病 ダイコン横縞症状 ジャガイモそうか病 ジャガイモ粉状そうか病

よい堆肥の基本条件

堆肥は土の物理性・化学性・生物性の改善に効果を発揮しますが、その前提として以下の４つの基本的な条件を満たすことが必要です。

❶作物の生育に障害がないこと

有機質資材の中には作物の生育に有害な物質があります。例えば、有機酸やフェノール酸などです。これらは作物の生育や種子の発芽に悪影響を及ぼします。堆肥の条件としては、これらの物質を含まないこと、他に雑草の種子を含んでいないことも大切です。

❷堆肥の成分が安定していること

有機質資材は種類が多いために、その種類により肥料としての効果や土壌改良の効果も異なってきます。堆肥を作るうえでは、使用する資材の特徴を知り、有機物やそれに含まれる肥料成分の安定化をはかりましょう。

❸環境に無害であること

土壌環境を守るために、有害な重金属や病原菌を含んでいないことが必須条件です。重金属含量が1kgあたり、ヒ素50mg、カドミウム5mg、水銀

2mgの基準を超えると、土壌汚染につながります。また、亜鉛120mg／kgの基準を超えないことも条件です。この他に作物や人体に有害な細菌や虫を含んでいないことを確認することも必要です。

❹悪臭がなく扱いやすいこと

堆肥を作る過程で、悪臭がないこと、水分量が適正であること、貯蔵性にすぐれ、形状が均一であること、農耕機器で扱いやすいことなどが挙げられます。畑に堆肥を散布する場合、特に大量散布をする場合は、取り扱いやすく、効率的に作業が行えることも大切です。

■堆肥の基本的な条件

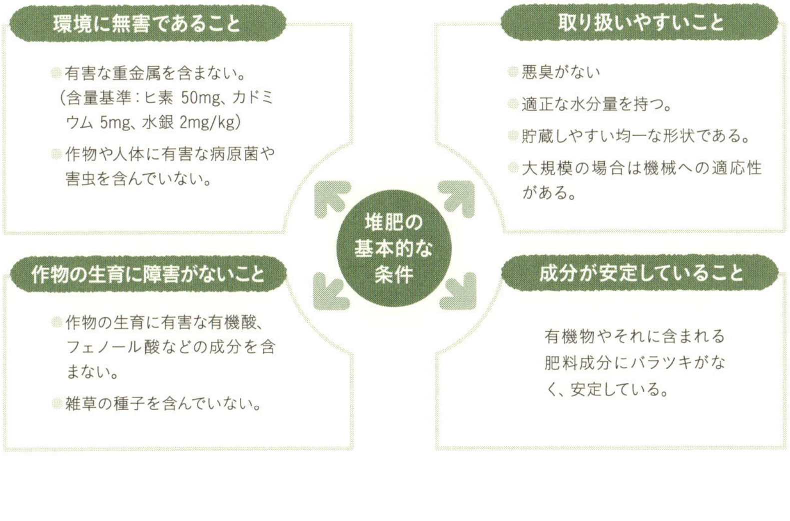
環境に無害であること
有害な重金属を含まない。（含量基準：ヒ素 50mg、カドミウム 5mg、水銀 2mg/kg）
作物や人体に有害な病原菌や害虫を含んでいない。
取り扱いやすいこと
悪臭がない
適正な水分量を持つ。
貯蔵しやすい均一な形状である。
大規模の場合は機械への適応性がある。
堆肥の基本的な条件
作物の生育に障害がないこと
作物の生育に有害な有機酸、フェノール酸などの成分を含まない。
雑草の種子を含んでいない。
成分が安定していること
有機物やそれに含まれる肥料成分にバラツキがなく、安定している。

コラム

微生物を活性化させる代表的な資材

堆肥ができるさいには、糸状菌や放線菌、納豆菌、酵母などのさまざまな微生物が働き、有機物が分解されていきます。そのため、堆肥づくりでは微生物の働きをうまく活性化させることがポイントになります。そのための代表的な３つの資材を紹介しましょう。

❶ 米ヌカ

米ヌカは、玄米を精製する過程ででき、米が発芽・生長するための栄養分が凝縮されています。そのため、チッソやリン酸はもちろん、微生物に必要なビタミンやミネラルが豊富に含まれています。
米ヌカを堆肥に混ぜると、微生物が急激にふえて発熱も進み、有機物の分解が早くなります。ただし、米ヌカはあくまで微生物の栄養源なので、堆肥全体の５％以下の少量を混ぜるのがコツです。入れすぎると、悪臭を放つなどの弊害も生まれてしまいます。

❷ 分解の進んだ落葉

地表の土と接し、分解の進んだ落葉には、たくさんの微生物が生息しています。腐葉土を作るときに、落ちたばかりの葉だけでなく、ある程度分解の進んだ葉も混ぜておくと、堆肥化を促進させることができます。

❸ 過リン酸石灰

微生物は炭素とチッソを主なエサとして増殖しますが、リン酸も欠かすことができません。リン酸は、微生物のエネルギー発生に重要な酵素としての役割を果たしているからです。リン酸資材には、骨粉のような動物質の資材や熔リンのような化学肥料がありますが、水溶性の過リン酸石灰（過石）が他の材料となじみやすく、相性がよいといえます。堆肥化を促進させると同時に、養分バランスを整えたり、分解の過程で出る悪臭を抑えたりする効果もあります。

第2章

堆肥の作り方

堆肥は園芸店やホームセンターなどで購入してもよいのですが、落葉や生ゴミなどを使って身近に作ることもできます。有機物を堆肥化するのに必要な期間は、原料によって異なりますが、一般的に1カ月から半年は必要です。堆肥に使用する主原料と副原料の種類、特性、その効果などを知り、自家製の堆肥づくりに役立てましょう。

有機物を堆肥にする理由

堆肥は材料として使われている有機物に微生物を働かせて、数カ月かけて有機物を分解して作られています。ではなぜ、落葉や家畜ふんなどの有機物をそのまま土に施さずに、こうした作業をあえて別の場所で行う必要があるのでしょうか。それには、以下の２つの理由があります。

❶有機物中の炭素を減らす

土に施された有機物は、カビや細菌など土壌微生物のエサになります。微生物も有機物で、その体は炭素（C）を主成分とし、10分の１程度のチッソ（N）も含んでいます。一方、エサとなる有機物中の炭素とチッソの比率である、炭素率（C/N比）はさまざまです（例えば、ナタネ油カスでは7：1、落葉では40：1程度)。

微生物は有機物を食べ（分解し）てエネルギーを得て増殖します。もし、エサが油カスであった場合、微生物の体の構成比よりもC/N比の値が小さいので、微生物が分解して余ったチッソは土に放出され、それが土中の養分となります。つまり、油カスは堆肥にしなくても、そのまま肥料として使えるわけです。

一方、落葉のように炭素含有量の多い有機物を

主な堆肥材料のC/N比（炭素率)

牛ふん	10～12
豚ぷん	8～10
鶏ふん	6～10
稲ワラ	50～62
オガクズ	300～1000

チッソより炭素が
10倍以上多い有機物は、
「チッソ飢餓」を
招きやすいよ

堆肥にしないでそのまま土に施すと、微生物が増殖するためのチッソが足りなくなり、土中のチッソを微生物が取り込んでしまい、植物は「チッソ飢餓」を起してしまいます。

　それを避けるために、炭素含有量の多い有機物は、土に直接施さずに一度堆肥化することで、炭素をあらかじめ微生物に食べさせて、二酸化炭素として取り除き、炭素率を小さくしておく必要があるのです。

■有機物中の炭素を減らす

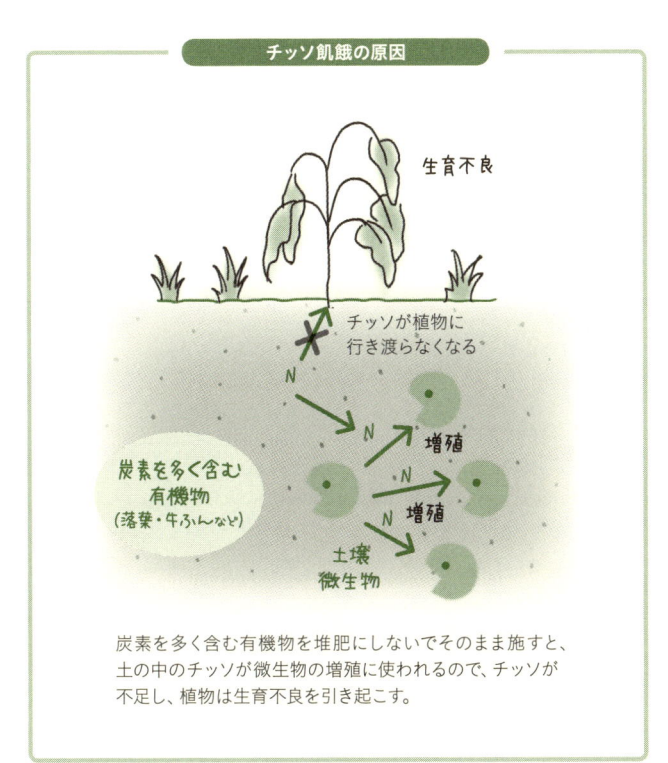

チッソ飢餓の原因

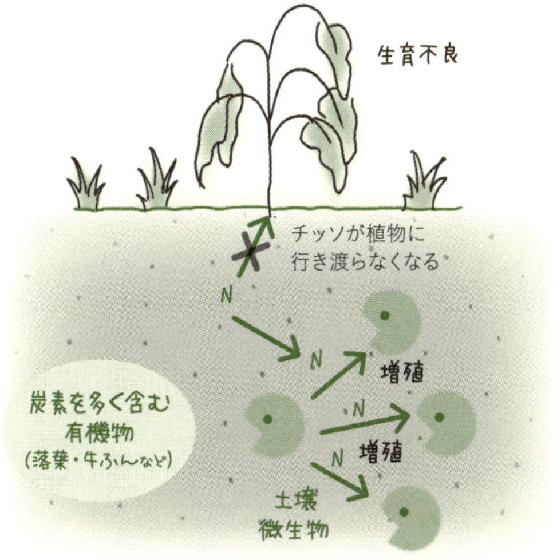

生育不良
チッソが植物に
行き渡らなくなる
N
N
増殖
N
増殖
N
炭素を多く含む
有機物
(落葉・牛ふんなど)
土壌
微生物

炭素を多く含む有機物を堆肥にしないでそのまま施すと、土の中のチッソが微生物の増殖に使われるので、チッソが不足し、植物は生育不良を引き起こす。

❷施用直後のガス害を防ぐ

有機物をそのまま土に施すと、微生物の分解により多量の二酸化炭素ガスが発生します。

そのため、施用後すぐに種をまくと酸素欠乏により発芽が悪くなるので、有機物を施してから2週間ほど放置して、ガスが抜けてから種まきを行う必要があります。しかし、堆肥化させておくと、その製作過程で有機物の多くが分解され、土に施してからは、ガスは余り発生しません。

■二酸化炭素ガスの発生を防ぐ

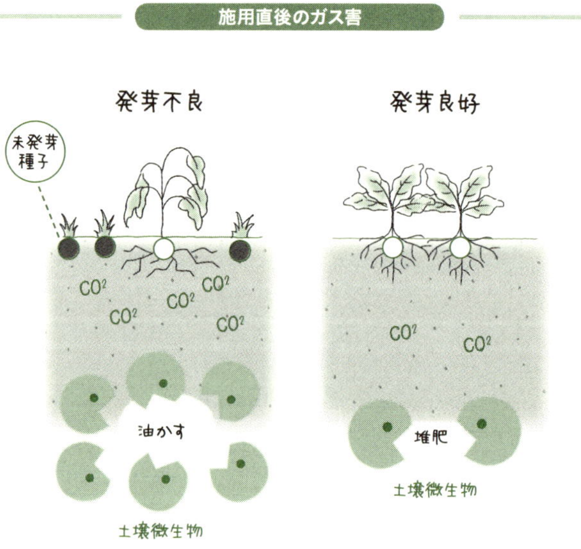
施用直後のガス害
発芽不良
未発芽種子
CO_2
油かす
土壌微生物
発芽良好
CO_2
堆肥
土壌微生物

有機物を堆肥化しないで施すと、投入直後に大量の二酸化炭素が発生して、発芽が抑制される。

有機物をあらかじめ堆肥化して施すと、投入直後のガス発生量が少ないので、作物は健全に発芽する。

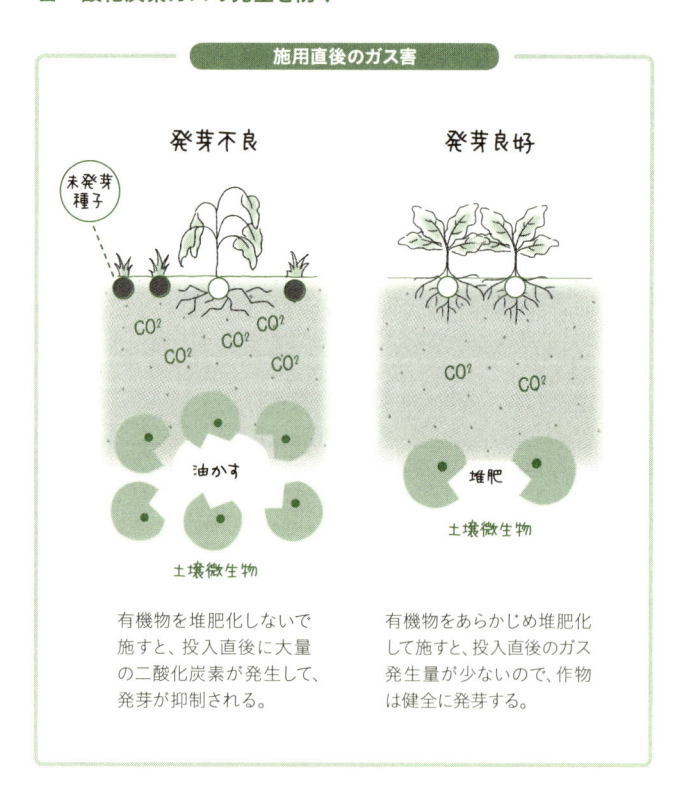

堆肥に適したC／N比の値

家畜ふんとオガクズをそれぞれ同量（コップ１杯程度）土の中に埋めると、地温にもよりますが、家畜ふんは数日で土の中での分解が始まり、２～３週間経つと臭いすらわからなくなります。ところが、オガクズは半年後もそのままの状態でそこに残ります。家畜ふんには微生物が取り付きやすく、短時間で分解しますが、オガクズは微生物がいても容易に分解しません。炭素の含有量が多く、C／N比の値が大きなオガクズの方が微生物の分解を受けにくいのです。

一般に、C／N比が20～30、つまりチッソの20～30倍の炭素が含まれている状態が、堆肥化には最も適しているといわれています。C／N比の大きい材料を使うさいには、微生物が分解しやすいように、適切な炭素とチッソの割合になるように、C／N比の小さい有機物（家畜ふんなど）を混ぜ合わせてやる必要があります。

C／N比の調整方法

副原料には同時にC／N比を調整する役割もある。例えば、C／N比の低い鶏ふんに、C／N比の高いせん定クズを混ぜて、値を調整するとよい。

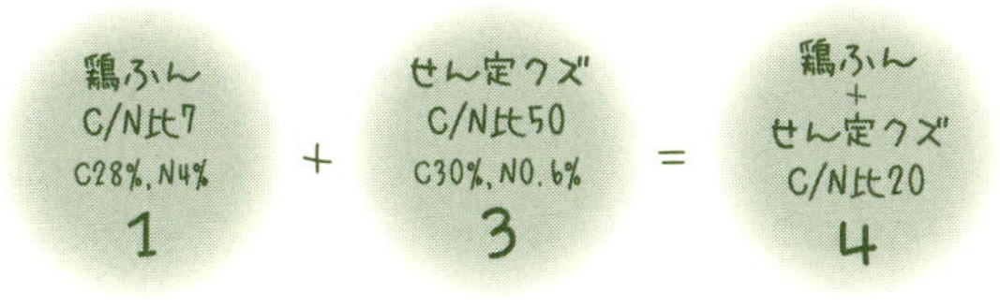
鶏ふん
C/N比7
C28%, N4%
1
+
せん定クズ
C/N比50
C30%, N0.6%
3
=
鶏ふん
+
せん定クズ
C/N比20
4

よい堆肥づくりのポイント

成分のバランスをとる

よい堆肥を作るポイントは3つあります。まず、肥料成分のバランス、2つめは水分の調整、そして堆肥の完熟ぐあいを見極めることです。

はじめに、植物の生育に欠かせないチッソ、リン酸、カリの肥料成分バランスを考えましょう。一般に腐葉土など植物質の材料には、カリが多くてリン酸が少なく、家畜ふんなど動物質の材料は、リン酸が多くカリが少ないという傾向があります。ですから堆肥を作るときに、植物質と動物質の材料を組み合わせればバランスのよい堆肥ができます。また、前ページで紹介した炭素（C）とチッソ（N）のバランス（C/N比）も大切です。

リン酸
花と実に
チッソ
葉と茎に
カリ
根に

含水率の理想は50～60%

堆肥化させる上で、使う材料の含水率はきわめて重要です。微生物が活躍するためには、水分50～60%がよいからです。水分が多いか少ないかは感覚的に覚えておくとよいでしょう。そのコツは、まず、材料をつぶした状態で固く握りしめてみます。まったく水分を感じないようであれば水分は

40%以下、水分が指の間からポタポタ滴り落ちるようなら水分過剰です。水分がしみ出さず、軽く水気を感じる程度が理想の50〜60%の含水率です。

水分調整の方法ですが、少ない場合は、水分の多い材料を加えるか、じょうろで少し水を与えればよいでしょう。水分が多い場合は、そのまま乾燥させる方法と、水分の少ない材料（せん定クズやコーヒーカスなど）と混ぜ合わせる方法とがあります。少量なら広げて乾かすだけで十分です。材料を小さく刻んで、新聞紙などの上に広げて天日で1〜2日干すとよいでしょう。

適正な水分量を、感覚的につかんでおく

材料を固く握りしめて、水分がしみ出さず、軽く水気を感じる程度が50〜60%の適正含水率。

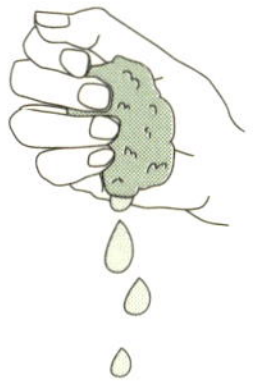

完熟ぐあいを見極める

堆肥が完成するまでにはおよそ1〜2カ月かかります。完成度を判断する基準については、68〜69ページに詳しく載っていますが、ここではかいつまんで以下の３つを紹介しておきましょう。

(1) 材料の姿形がなくなっていること。
(2) 色が十分に黒ずんでいること。
(3) 材料の臭いがせず堆肥臭に変わっていること。

材料の成分と水分に注意して、さらに完熟ぐあいの見極め方を押さえたうえで、堆肥づくりにとりかかりましょう。

見た目とにおいで
堆肥ができたかどうかがわかるヨ。
ドブのような悪臭がしたら失敗。
捨てるか、土の中に均一に鋤き込んで、
1カ月くらい放置すると
微生物が分解してくれるよ。

堆肥の種類と特徴

材料によって堆肥の特徴は異なる

堆肥は、土を団粒化させて水はけや水もちをよくする、土壌改良材としての役割を担っています。また、土壌微生物のエサともなるので、微生物が土の中で活発に働くようになります。炭素分を多く含む植物由来の材料を使っている腐葉土やバーク堆肥などは、こうした結果の高い堆肥です。

一方で、牛ふん堆肥や鶏ふん堆肥などの家畜ふん堆肥では、チッソ、リン酸、カリ、その他の肥料成分を多く含み、これらを土に補給します。その代わり、腐葉土やバーク堆肥に比べて、土壌改良効果は高くありません。

家庭で使う機会が多いのは、園芸店やホームセンターなどで入手しやすい腐葉土、バーク堆肥、牛ふん堆肥、鶏ふん堆肥と、家庭で作る生ゴミ堆肥です。なお、生ゴミ堆肥と同様に腐葉土も、小規模でも身近な材料を使って手軽に作ることができます。

まずは、それぞれの堆肥の特徴をみていきましょう。

■腐葉土・バーク堆肥と家畜ふん・生ゴミ堆肥の特性

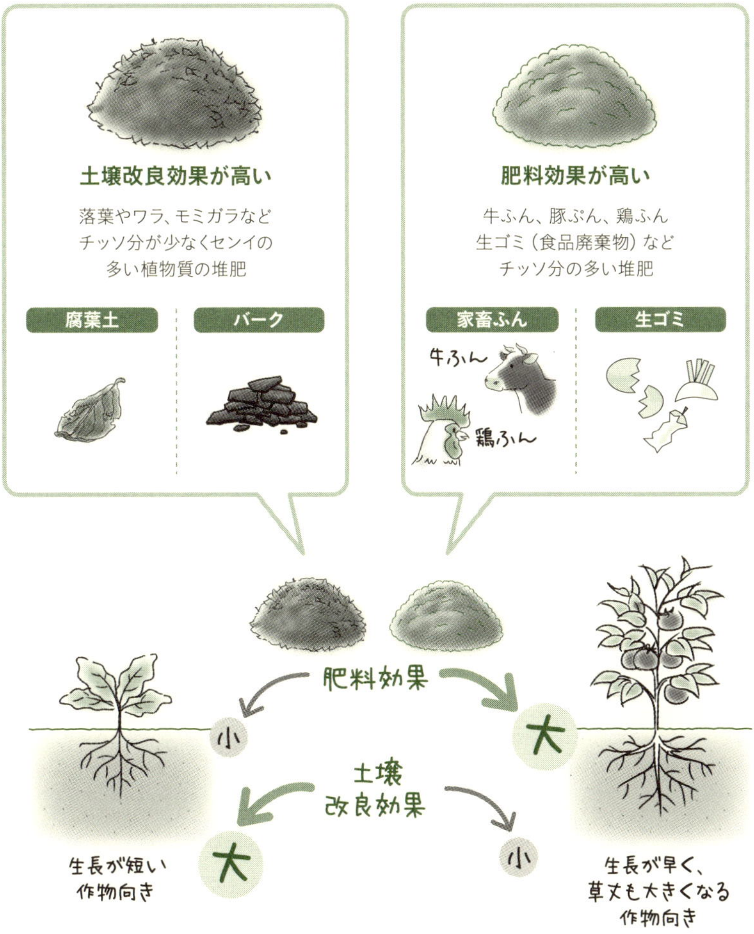
土壌改良効果が高い
落葉やワラ、モミガラなど
チッソ分が少なくセンイの
多い植物質の堆肥
腐葉土
バーク
肥料効果が高い
牛ふん、豚ぷん、鶏ふん
生ゴミ（食品廃棄物）など
チッソ分の多い堆肥
家畜ふん
生ゴミ
牛ふん
鶏ふん
肥料効果
小
大
土壌
改良効果
大
小
生長が短い
作物向き
生長が早く、
草丈も大きくなる
作物向き

主な堆肥の種類とその特徴

腐葉土

落葉広葉樹の落葉を積んで、時間をかけてじっくりと堆肥化させたもの。水や肥料成分をバランスよく保持してくれ、畑に入れるのはもちろん、鉢・プランター栽培の培養土にブレンドするのに最適です。

市販品を選ぶときは、葉が黒く変色し、葉の形がわかる程度に崩れているものを選びます。葉の形がそのまま残っていたり、葉が茶色だったりするものは、未熟な状態です。

落葉を集めて自分で作るときは、比較的分解の早い、クヌギやコナラ、ケヤキ、カエデなどの落葉広葉樹を使いましょう。水分の多いものや、イチョウのように樹脂分が含まれて腐りにくいものは避けるようにします。

バーク堆肥

樹木の皮に、鶏ふんや油カスなどの発酵補助材を加えて堆肥化させたもの。植物センイを多く含み、高い土壌改良効果が期待できます。

市販品を選ぶときは、十分に腐熟しているものを購入します。乾燥していると土になじみにくいので、湿っているものを使うようにします。あまりにカラカラに乾燥しているものは、湿らせても水をはじいてしまうので注意が必要です。

牛ふん堆肥

牛ふんにオガクズや稲ワラなどを加えて堆肥化させたもの。牛は草が主食なので、ふんにセンイ分が多く含まれており、土壌改良効果と肥料効果をバランスよく発揮してくれます。

また、バークを50%以上含んだ「牛ふんバーク堆肥」も販売されており、これは、牛ふんだけの堆肥よりも、土壌改良効果がより高くなっています。

鶏ふん堆肥（発酵鶏ふん）

ニワトリは、トウモロコシなどの栄養価の高い濃厚飼料を食べているので、センイ質がほとんど含まれておらず、牛ふんに比べてチッソやリン酸、カリなどの肥料成分も多く含みます。鶏ふんをそのまま乾燥させた「乾燥鶏ふん」は、普通化成肥料並みの肥料効果があります。

また、オガクズを入れて肥料効果を穏やかにした「鶏ふんオガクズ堆肥」も販売されています。

生ゴミ堆肥

台所から出る生ゴミ（食品廃棄物）を使った堆肥です。野菜や果物以外に、肉や魚、卵の殻といった動物質のものが混在しているので、土壌改良効果と肥料効果の両方を兼ね備えています。ただし、家庭で作るために、品質にばらつきが出てしまいます。

生ゴミ堆肥は肥料効果が高い

魚のアラや肉片などの生ゴミに、分解を促す米ヌカを入れたものはチッソ分が高くなる。

2-3 堆肥の種類と特徴

■主な堆肥の種類と特徴

種類	内容	炭素率	物理性の改善	化学性の改善	生物性の改善	備考
腐葉土	落葉を堆積して発酵させたもの。米ヌカなどを入れて、短時間に発酵させたものもある	20～80	効果がある	多少の効果がある	効果がある	バーク堆肥やせん定枝堆肥より土壌中で分解しやすい。炭素率の高い腐葉土もあるが、チッソ飢餓は短期間で解消される
バーク堆肥	バーク(樹皮)に、米ヌカや鶏ふんなどを混ぜて発酵させたもの	20～35	効果がある	多少の効果がある	効果がある	堆肥化の方法や熟度によっては炭素率が高いものがあるので、チッソ飢餓に注意
せん定枝堆肥	せん定枝をチップ状に砕き、そのまま発酵させたもの	20～50	効果がある	多少の効果がある	効果がある	堆肥化の方法や熟度によっては炭素率が高いものがあるので、チッソ飢餓に注意
牛ふん堆肥	牛ふんに落葉やバーク(樹皮)などを加えて発酵させたもの	15～20	効果がある	カリ肥料の効果がある	効果がある	チッソ分も含まれるが、完熟の場合には、チッソ肥料としては効果が乏しい
発酵鶏ふん	鶏ふんを発酵させたもの	8～10	多少の効果がある	リン酸肥料、カリ肥料の効果がある	効果がある	熟度が低いものはチッソ肥料として効くが、土の臭いしかしない完熟鶏ふんではチッソ肥料としての効果に乏しい 多用すると塩類濃度が高くなるので注意

副材料で成分バランスを調整する

わたしたちの身の周りには、堆肥の主材料にはなりませんが、その成分バランスを調整してくれる副材料が数多く存在しています。その一例を紹介しましょう。

モミガラ

極めて分解が遅いために単独での堆肥化はできません。しかし水分をよく吸収し、すき間も作ってくれるので、さまざまな主材料の水分調整材として優れています。

オカラ

水分含有が約80%と高く、チッソを多く含むので、乾燥した落葉やせん定クズなどと混ぜ合わせて使うとよいでしょう。

茶ガラ・コーヒーカス

タンニンなどを含む茶ガラは脱臭効果があり、コーヒーカスもアンモニアなどの匂い成分を吸収してくれます。肥料成分は高くないので、家畜ふん堆肥と組み合わせます。

米ヌカ

チッソ分が多く、ミネラルやビタミンが豊富で、そのまま有機質肥料としても使えますが、堆肥に使うと微生物の格好のエサとなり、その増殖を手助けします。

堆肥を作る① ～生ゴミ堆肥～

段ボールで作る

庭先でも、ベランダでも手軽に簡単に作れる段ボールコンポストを使った堆肥づくりが広まっています。生ゴミを捨てずにリサイクルすることで、魅力的な土づくり資材として家庭菜園や花壇、プランターに活用できます。

生ゴミ堆肥づくりには、何かと手間がかかるイメージがあります。しかし、ここで紹介するのは、材料が厚手の段ボール箱と、園芸資材のピートモス、モミガラ燻炭《くんたん》だけ。毎日500g～1kgの生ゴミを入れても、量はほとんど増えることなく、少人数の家庭なら３～６カ月は続けて生ゴミを処理できます。また、生ゴミを毎日入れなくても水分のバランスさえ気をつけておけば、問題ありません。

段ボール箱は入手しやすく、コストがかからない優れものの容器です。ただし、傷みやすいので、毎回新しいものが必要になります。

作り方の手順は次ページの通りです。

もっと小規模なペット
ボトルを使った生ゴミ
堆肥の作り方もあるヨ。
詳しくはP76のコラムを
参照しよう。

■段ボール箱を使った生ゴミ堆肥の作り方

箱の底は、段ボール板を1枚入れて補強しておこう。底面からの通気も大事だから、格子状の台などの上に置いておくといいよ。

1 段ボールの中にピートモス15ℓとモミガラ燻炭10ℓを入れてよく混ぜ、全体に酸素を供給する。

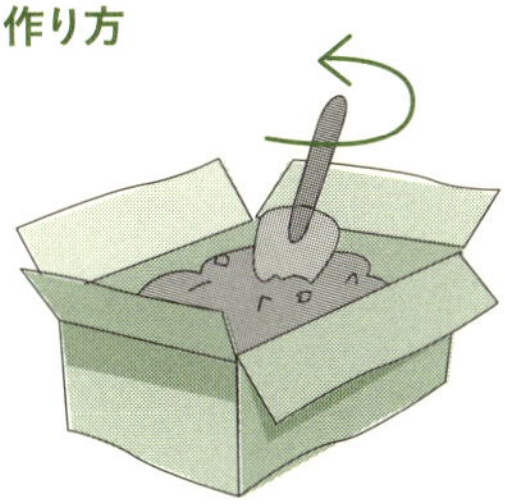

2 まん中をくぼませて生ゴミを入れ、軽くほぐす。翌日、新しい生ゴミを入れる前に、まん中を中心によく混ぜる。そのとき、箱の側面に触れて傷つけないように注意する。

3 虫よけカバーをかける。表側には害虫が卵を産みつけていることがあるので、裏表をまちがえないように注意する。

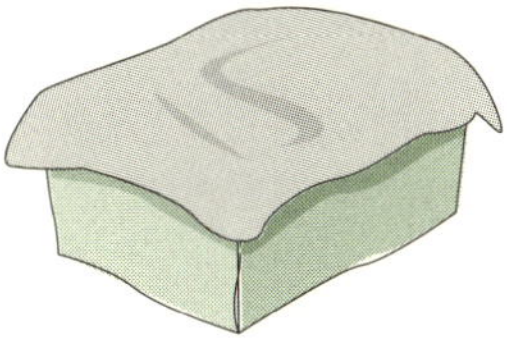

4 3〜6カ月くらいたって発酵速度がゆっくりになると、生ゴミを入れても容量が減らなくなり、水っぽさが増す。めやすの生ゴミ投入総量は50kg程度。以降、生ゴミは入れずに1週間に1回500mℓ〜1ℓほど水を回し入れていく。3〜4週間で堆肥として使えるようになる。

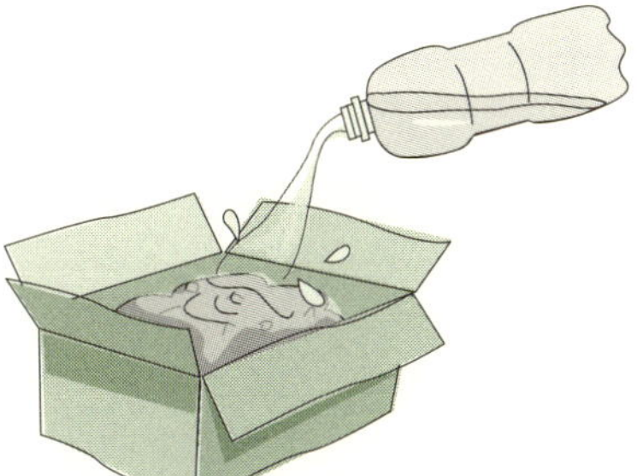

コンポスト容器で作る

次に、同じ生ゴミを使って、もっとまとまった量の堆肥づくりに挑戦してみましょう。

市販のプラスチック製コンポスト容器には、容量100ℓから300ℓのものまで幅があります。菜園の広さが10坪（約33㎡）ほどならば、200ℓタイプで作った堆肥の分量で、1年間は十分にまかなえます。

２基のコンポスト容器を用意して、使用中・発酵中、または、生ゴミ堆肥用と腐葉土用というように使い分ける手もあります。

コンポスト容器は、プラスチック製なので放熱しやすく、内部が十分な温度を保ちにくいため、発酵の進みが遅いという難点があります。ですから、生ゴミの水気をよく切って入れます。基本的に生ゴミや野菜クズを入れたら、その上に乾いた土で覆うという作業を繰り返し、サンドイッチ状にしていきますが、米ヌカや乾いた雑草・落葉を入れてもよいでしょう。

容器は、水はけがよく、日当たりのよい場所に置きます。容器がいっぱいになったら１カ月に１回の割合で切り返しますが、移植ごてで中身を直接かき混ぜるか、コンポスト容器を土から引き抜いて中身を出してかき混ぜるか、２種類の方法があります。完熟した堆肥は畑で利用するときまで保管しておきます。

■コンポスト容器で作る生ゴミ堆肥の手順

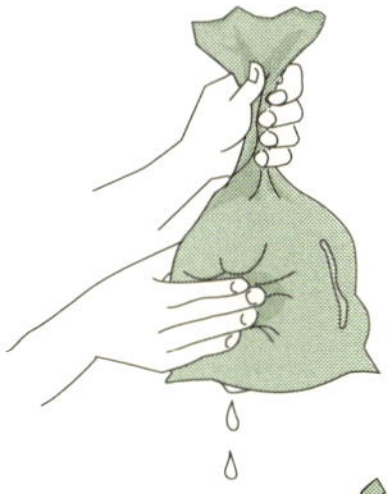

1 生ゴミの水分はできるだけ切っておく。
野菜クズは、ざるや新聞紙の上に広げて、天日で1～2日間干し、細かく切って水分を落とす。

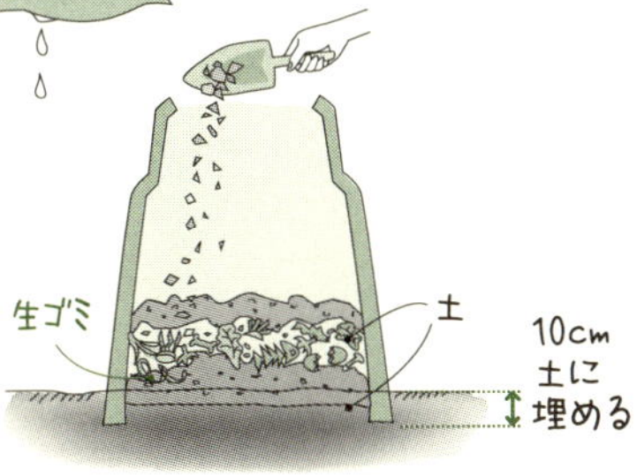

2 日当たりと、水はけ、風通しがよい場所に、コンポスト容器を10cmほど埋め込んで、乾いた土を5cmほどの厚さになるくらい中に入れて、表面をならす。

3 生ゴミと野菜クズを混ぜたものを入れて表面をならす。さらに、乾いた土を材料と同量入れて、完全に材料が見えなくなるように表面をならす。この手順で順次材料と土をサンドイッチ状に重ねていく。

4 容器がいっぱいになったら、1カ月ほど置いておく。その間、フタはきっちり閉めずに軽くのせておく程度にしておく。

※必ず一番上に土がくるようにする。通気性とハエの予防のために、防虫網をかけて固定し、晴れているときは、なるべくフタを開けて、中の水分をとばすようにする。

5 1カ月に1回をめやすに切り返しをする。

6 材料の原型がなくなって、嫌な臭いがせず、土に近い臭いがするようになったらできあがり。

容器いっぱいになったら引き抜いて、畑に施す。

堆肥を作る② ～腐葉土～

ビニール袋は色がついていても問題ないけど、透明な袋を使うと中が見えて作業しやすいよ

ビニール袋で作る

落葉を使った腐葉土も手軽に作れます。まずはビニール袋を使った方法です。

ビニールのゴミ袋や空いた肥料袋などの底の両隅を切ります（水抜き用）。集めた落葉に水をかけて水分を含ませ、米ヌカを1～2つかみほど混ぜて袋に詰めて、袋の口を縛ります。口を少し開けてゆるめに縛ります。日当たりがよく雨が当たるところに袋を立てて置き、ときどき袋を揉んでほぐします。中が乾いているようなら、水分を補給して、数カ月で腐葉土ができ上がります。

■ビニールのゴミ袋を利用して作る腐葉土の手順

1 落葉に水をたっぷり含ませ、米ヌカを1～2つかみくらいふりかける

2 袋の底の両端をカット。①をギュウギュウに詰め込む

3 袋の口は少しあけて緩めにしばり、日当りのよい雨の当たるところに立てておく

4 ときどき袋を揉んでほぐし、乾き気味になったら口から水を注ぐ

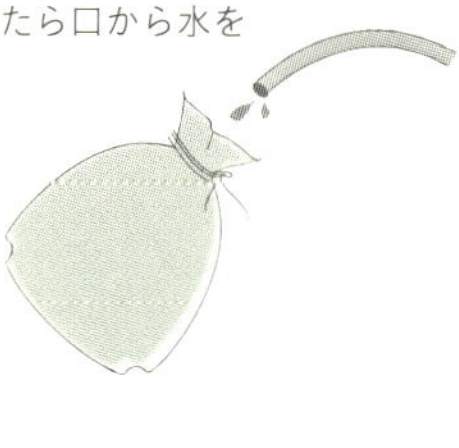

ネットやストッキングで作る

身近にあるもので、タマネギや夏ミカン等が入っていたネット、あるいは使い古しのストッキングも立派な腐葉土づくりの容器になります。見た目は小さいようですが、詰め込めば２ℓもの材料が入ります。

この方法は落葉や枯れ草などを使った、腐葉土を作るのには向いていますが、水分の多い生ゴミ堆肥には向いていません。また、雑草の種子が入らないように注意が必要です。

用意するものは、ネットまたはストッキング、30×40cmくらいの薄いポリ袋、段ボール箱、バケツです。以下の手順に従って作ってみましょう。

■ネット・ストッキングを利用して作る腐葉土の手順

1 ネットまたはストッキングに落葉や枯れ草をすき間なく詰め込んで口を縛る

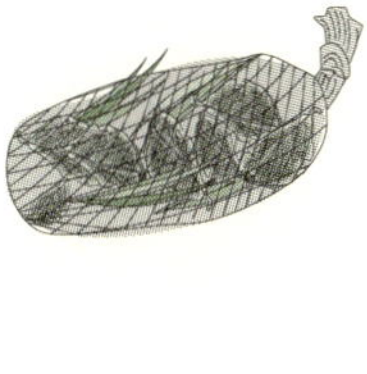

2 水を入れたバケツに①を数秒間浸した後、水気を切る。ポリ袋に入れて、口を軽く折りたたむ

3 ②の状態のものを数個、ちょうどよい大きさの段ボール箱にすき間なく詰めて、フタをして、日陰に置いておく

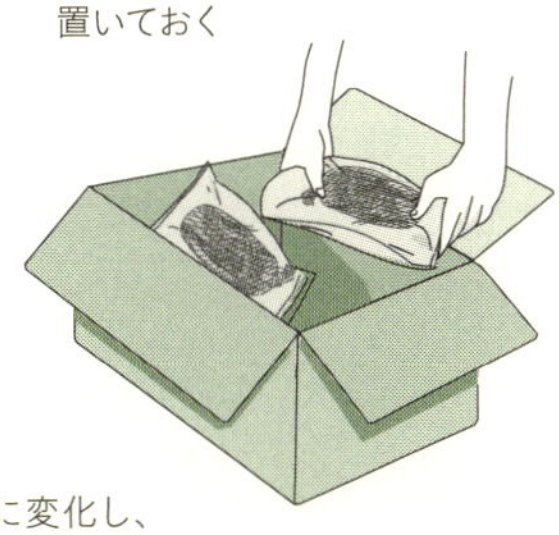

4 月に1回ほど、ポリ袋からネットを出して、全体を軽くもむ。ポリ袋に水が溜まっていたら、ネットを風通しのよい場所で1日乾燥させる

5 材料が茶褐色に変化し、葉の組織が崩れてきたらでき上がり。3〜6カ月ほどかかる

2-5 堆肥を作る② ～腐葉土～

本格的な腐葉土づくりに挑戦

庭の片隅や市民農園などで、半畳ほどのスペースがあれば、本格的な腐葉土を作ってみましょう。20㎡程度の家庭菜園なら、縦60cm、横60cm、高さ60cmの木枠を用意します。容積は200ℓとなり、その分の材料を使って堆肥を作ると、約40kg分ができます。木枠を組んで落葉を積み込み、米ヌカを加えて、落葉と米ヌカを交互に積み込んで発酵させます。数回切り返しながらビニールシートをかけて置いておくと、半年から1年ほどで腐葉土ができあがります。

■腐葉土の作り方

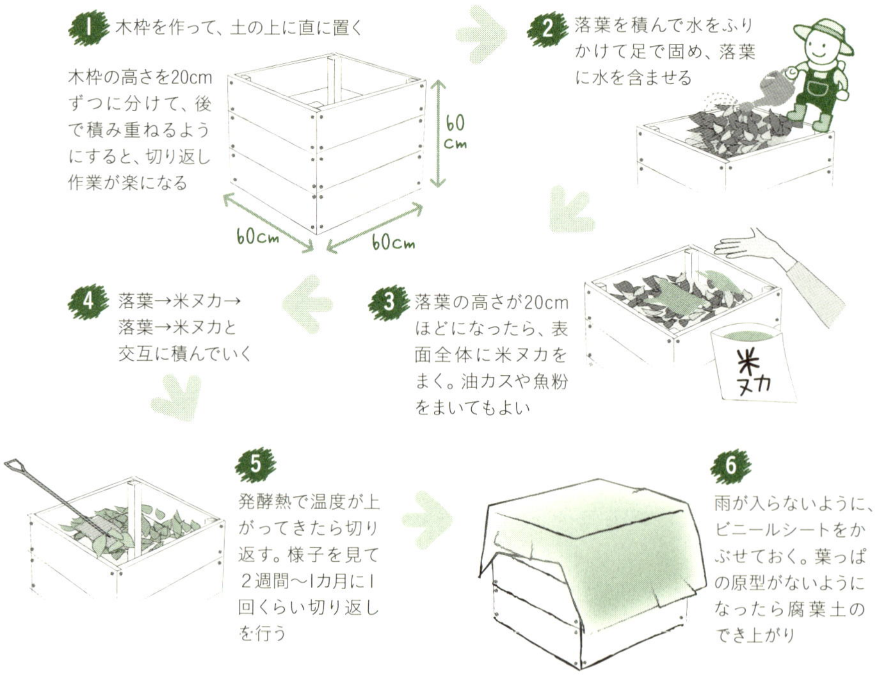
1 木枠を作って、土の上に直に置く
木枠の高さを20cmずつに分けて、後で積み重ねるようにすると、切り返し作業が楽になる
60cm
60cm
60cm
2 落葉を積んで水をふりかけて足で固め、落葉に水を含ませる
3 落葉の高さが20cmほどになったら、表面全体に米ヌカをまく。油カスや魚粉をまいてもよい
米ヌカ
4 落葉→米ヌカ→落葉→米ヌカと交互に積んでいく
5 発酵熱で温度が上がってきたら切り返す。様子を見て2週間～1カ月に1回くらい切り返しを行う
6 雨が入らないように、ビニールシートをかぶせておく。葉っぱの原型がないようになったら腐葉土のでき上がり

規模の大きい堆肥づくりのポイント

堆積場所は貯まった水が排水されやすいように、水はけのよい場所を選びます。数㎝ほど盛り土をして、簡易的に木材ですき間を空けた壁を作ると、空気の通り抜けがよく、おすすめです。

堆積規模は、畑の規模によりますが、2～3㎥程度とれれば広さは十分に足りるでしょう。これ以上の規模で堆積するときは強制通気をするか、麦ワラやカヤのようなすき間の多い資材を用いて、空気の流れをよくする必要がありますし、温度の調節も必要になってきます。

微生物の活動には、30～40℃がもっとも適しているので、冬期に材料を積むと、初期の微生物の活性が低くなります。従って夏期よりも固めに踏み込んで、周囲に板やワラで囲いを作るなど温度を下げにくくする工夫が必要です。

夏の場合は一定の大きさの木枠などを作り、それを利用しながら堆積すると、堆肥の用量が一目で分かるので便利です。微生物は紫外線に弱いので直射日光に当たらない工夫をしてください。屋外のときはシートやムシロで覆うことで、陽射しを防げますが、できれば屋根付きの堆肥舎が好ましいです。

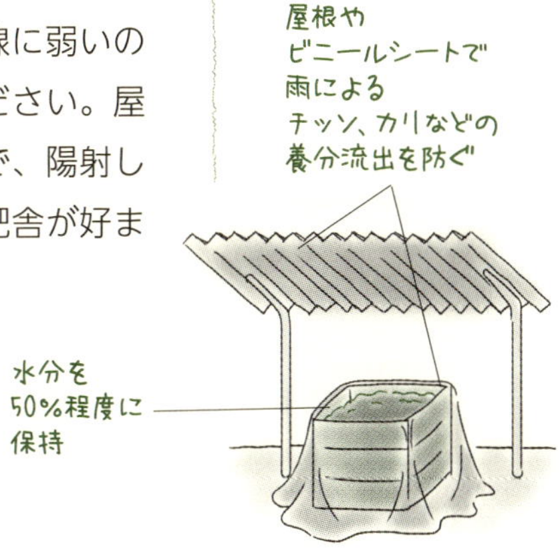
屋根や
ビニールシートで
雨による
チッソ、カリなどの
養分流出を防ぐ
水分を
50%程度に
保持

堆肥の切り返しについて

切り返しを行うわけ

堆肥の発酵が全体に均一に進むように、撹拌・切り返しを行います。堆積させたままだと、内部の空気や水分の状態が変わってきてしまい、発酵が均一に進まなくなります。そこで、撹拌・切り返しを行うことにより、再び通気性のよい状態に積み替えるのです。通気性がよくなることで、堆肥がふかふかの状態（膨軟化）になります。また、撹拌・切り返しにより、堆積場所を移動させることもできます。

切り返しの回数は、使用する材料の量や質、場所によりまちまちです。野積みの落葉や稲ワラ堆肥などでは年数回でよいのですが、例えば、オガクズのように分解が遅い材料を含むときは、効率的に発酵させる場合には、最初の１カ月間は週に１度、その後は月に１度程度行うのがよいとされます。

むろん、家庭で小規模なスペースの中で堆肥を作るときは、容積が小さく、温度がそれほど上がらないので、こまめに切り返しをしていくことが成功のポイントになります。

■切り返しの方法

このまま置いておくと発酵が不均一になる

撹拌して通気性をよくし、発酵の均一化をはかる。

規模が大きな堆肥づくりでは、ユンボなどを用いた切り返しも行っている

切り返しは、堆積物の混合、均一化の他に、膨軟化、場所の移動などにも効果的!

■切り返しのめやす

オガクズを含む	初期=1カ月2回、中期以降=1カ月1回
効率的に発酵させる	最初の1カ月=週1回、その後=1カ月1回

※切り返しの頻度は、使用する材料の量や質、置き場所などに左右される。堆肥の状態をみて、適切に作業を行うことが大切。

未熟堆肥と完熟堆肥

未熟堆肥と完熟堆肥の違い

未熟堆肥とは未だ熟成がされていない堆肥のことです。未熟堆肥だと、葉や木の枝などの原形が残っていたり、強い臭いがします。それに対して完熟堆肥というのは有機物の分解が進み、くさい臭いがなく、水分が蒸発し、手でさわるとふかふかした感触の堆肥のことをいいます。

未熟堆肥は堆肥の原型ですから、本来は悪いわけではありません。畑や菜園に投入しても、作付けまでの時間的な余裕が十分あれば、土の中で有機物がゆっくり分解してよい堆肥になります。しかし、その時間的な余裕のないまま、まだ途中段階のものを土に投入して、種をまいたり植えつけをしたりすると、微生物が土の中で活発に活動して、土中のチッソが欠乏したり、二酸化炭素が大量に発生したりして作物に害を与えます。

また、分解の途中段階で、有用微生物がふえると同時に、病原菌の活動も活発になりますから、病原菌が作物の根に侵入して被害がでます。

未熟な堆肥を使う場合は

未熟堆肥は、材料の原型が残っていたり、臭かったり、握ってみると水分が出たりします。堆肥は通常作付けの2～3週間前に施しますが、未熟な堆肥を使うときは、少なくとも1カ月以上前に施して、土の中で十分分解させてから作付けすることが重要です。その際、深く耕して投入すると分解が早く進みます。

■未熟堆肥の弊害

有機物
未熟堆肥
完熟堆肥
病原菌となる糸状菌（カビ）や
害虫の卵、幼虫が多い
未熟な段階で
施すと
❶虫の幼虫に根
を切られる
❷病原菌が根
に侵入し、
被害が出る
❸生育障害
（根菜類に多い）
マタダイコン
未熟堆肥
ジャガイモの
皮が荒れる
❹ 発芽障害
有害な有機酸
やガスが発生
❺ チッソ欠乏
チッソ
チッソ
チッソ
チッソ
微生物が
チッソを奪う

完熟堆肥の見分け方

では堆肥が完熟したかどうか、どのように見極めればよいのでしょうか。その見分け方のポイントは、臭い、湿り気、色などです。

家畜ふんや生ゴミなどの材料の臭いは、発酵・分解が進むにつれて減少していきます。分解の遅いオガクズの場合、その臭いは堆肥を水で洗い、オガクズだけを取り出して判断します。未熟堆肥の状態だと、使った材料そのものの臭いがします。家畜ふんの場合はなおさら強い臭いがします。

よい堆肥は、生のふんの臭いがしなくなり、縁の下の土の臭いがするといわれています。この臭いは放線菌の活躍によるものです。さらに発酵・分解が進むとエサが消費されて、放線菌も少なくなります。そのため、完熟堆肥では意外に土の臭いはしないものです。また、堆肥の材料に米ヌカやデンプン質のものを多く使うと、腐熟の後半の段階で甘酸っぱい臭いがするものがあります。これは糸状菌によって作られたヌカの臭いです。次ページに見分け方のポイントをまとめました。

■ 完熟堆肥の主な見分け方

色が黒い！
手でつかむと
さらさら、ふかふかして
水分がでない

❶堆肥に水を含ませたとき、ふん臭があるのはまだ未熟です。ベタベタと粘り気があるのもまだ発酵が不十分な状態です。

❷作った堆肥を水に浸けて、両手の手の平で揉むように洗ってみます。オガクズやバークがまだ塊りで残っていることがあるとき、その臭いをかいでみて、素材の臭いが残っているようであれば、まだ未熟状態です。

❸堆肥の塊を割って、中の状態を見てみます。全体が同じ状態なら完熟、真ん中の部分の色が違っていたり、ふんの臭いが残っていたりしたら、発酵が不十分ということです。

❹耐熱性のコップに堆肥を５分の１ほど入れて、そこに熱湯を注ぎます。そのまま放置しておくと液が黒っぽくなり、底に沈殿物が溜ってきます。よい堆肥は、液面に浮いているゴミが少ないこと、液の色が濃いこと、コップの底から液面までの液が濃淡の滑らかなグラデーション状であることなどがチェックのポイントです。

コマツナを使って完熟度が分かる

土と混ぜて
コマツナの種をまく

↓

すぐ種をまいても
発芽する（4～5日まで）

↓

完熟であるということが
証明される

家畜フンの
においがしない

手の平で揉んでも
材料の姿形が
残ってない

季節ごとの堆肥づくり

季節に合った堆肥づくりのポイント

有機物の分解を進める堆肥づくりは、温度に左右されます。温度が高いと微生物が活発に活動して分解が進みますが、冬は温度が低く微生物がふえにくい季節です。季節によって入手できる材料も違ってくるので、それに合わせた堆肥づくりに取り組んでみましょう。

春は青草やせん定クズで作る

新緑の春は、植物の生育が旺盛で体内にはチッソ分が多く含まれています。センイ組織もやわらかく、また微生物も活動しやすい季節なので、鶏ふんなどの資材を混ぜなくても早く堆肥ができます。雑草の種も少ない時期ですから、安心して生のまま雑草を利用できます。庭木のせん定クズもやわらかい新枝なので、材料として最適です。

■四季の堆肥づくり

春
草や葉には
チッソが多いよ
夏
微生物が
ふえて、分解が
早く進むよ

夏は青草や枯れ草で作る

夏は温度が高いので、微生物の活動が活発です。分解も進みますが、悪臭やハエ、ウジ虫などが発生しやすいので、ご近所の迷惑にならないよう気をつけましょう。雑草は生育がピークを過ぎて体内のチッソ分が減少し、センイ分が増えてきます。センイ分の多い青草や枯れ草を使った堆肥は悪臭が出にくいので、夏の堆肥づくりにはうってつけです。

秋は落葉で作る

落葉は分解するのに長い時間がかかりますが、土の上に落ちた落葉の表面には、たくさんの微生物が生育していますから最高の材料です。ただし、秋の枯れ草は種を多く含むので注意しましょう。

冬は台所の生ゴミで作る

冬は温度が低く、微生物がふえにくい季節です。台所の生ゴミを材料に活用して、堆肥をつくりましょう。温度が低いので完成するまでに時間はかかりますが、ハエの発生がなく、ゆっくり分解するので、悪臭も目立ちません。

秋
落葉は
最高の腐葉土の
材料だよ

冬
生ゴミは
養分たっぷりの
堆肥が
作れるよ

堆肥の保存方法

堆肥の水分を落とすことがカギ

堆肥は、できたらすぐに使うのがよいのですが、使いきれない場合は保存しておきます。しかし、そのままにしておくと、有機物の分解が進んで、過熟してしまうので、できるだけ堆肥の品質を落とさないような貯蔵をしましょう。

堆肥にはたくさんの微生物がいます。堆肥の品質を落とさないようにするためには、彼らを殺さずに彼らの活動を一時停止させることが必要です。

微生物の活動のためには、養分、水分、空気が必要です。このうちのいずれかを制限すれば、活動が一時停止します。しかし、エサとなる養分を減らすわけにはいきません。また、空気を遮断すると、嫌気性微生物が活動を始めて、かえって堆肥の品質を落としてしまいます。従って、水分を落とす方法がもっとも適しています。

通常、堆肥の水分は60％程度です。これを30～40％に落とすと、微生物を殺すことなく、活動を一時停止させることができます。

その方法は、直射日光をさけて、堆肥を日陰に薄く広げて乾かします。水分30～40％というのは、さわると手にほとんど水気は感じません。固く握りしめると塊になりますが、塊にさわるとすぐに砕けてしまうような状態です。

　貯蔵には、使い古したストッキングやネットが適しています。紙袋は微生物がセルロースを分解してしまいますし、ビニール袋だと袋の内部に水滴がついて、局部的に水分濃度が高くなり、微生物が増殖することがあります。ストッキングやネットに詰めた堆肥を、段ボールか大きいビニール袋（口をしっかり結ばずに折りたたむ程度にする）に入れて、日陰の風通しのよい所で保管します。

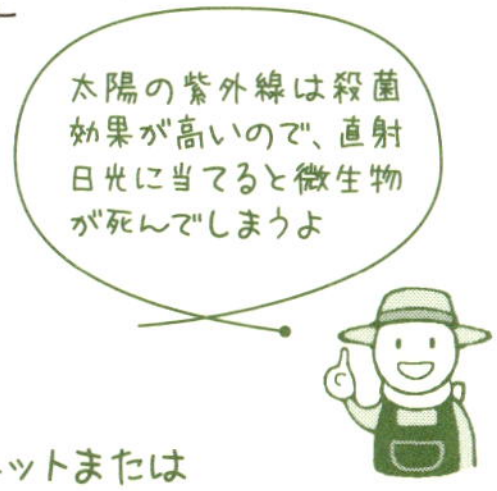

太陽の紫外線は殺菌効果が高いので、直射日光に当てると微生物が死んでしまうよ

■堆肥の保管方法

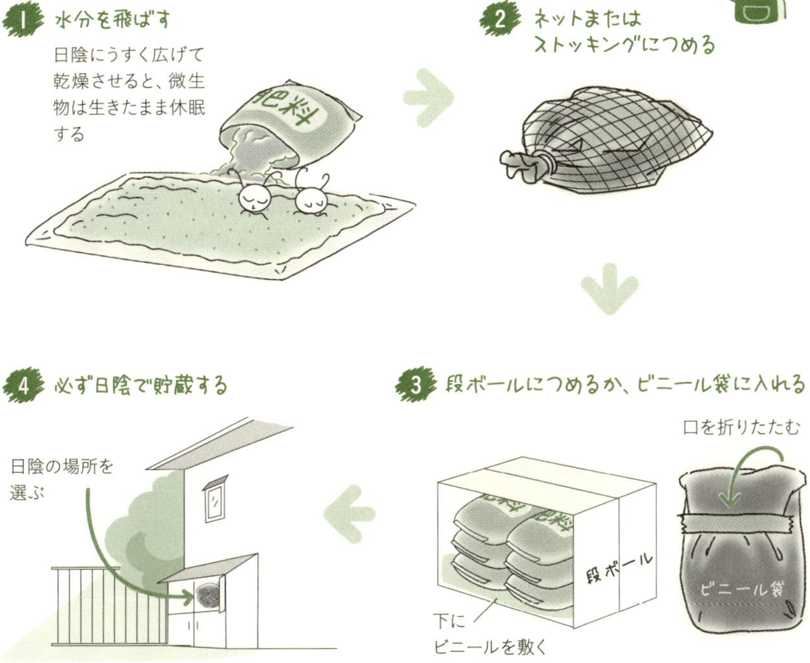

1 水分を飛ばす
日陰にうすく広げて乾燥させると、微生物は生きたまま休眠する
肥料
2 ネットまたはストッキングにつめる
3 段ボールにつめるか、ビニール袋に入れる
口を折りたたむ
肥料
段ボール
下にビニールを敷く
ビニール袋
4 必ず日陰で貯蔵する
日陰の場所を選ぶ

こんなときのQ&A 原因と対策!

Q 材料を積んでしばらくしたら虫がたかり、悪臭がします。

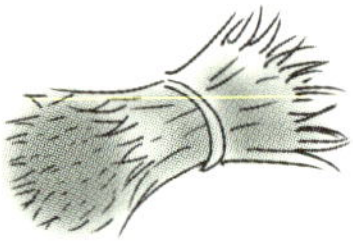

A **原因:**水分が多い場合と、チッソが多い場合が考えられます。水分が多い場合は嫌気性微生物の働きが活発になり、有機物が腐敗して、そのにおいがハエを誘因し、ウジ虫が発生します。チッソが多い場合は、アンモニアが発生して悪臭がしますが、このときは熱を伴い、虫は出ません。

対策:水分が多い場合は、モミガラなど水分の少ない資材を混ぜるか、乾いた完熟堆肥などを合わせて水分量を調節します。チッソが多い場合は、炭素を多く含むワラや草などを混ぜます。

Q 温度が上がらず、発酵が進みません。

A **原因:**水分が少なすぎる場合と、炭素が多い場合に起こります。水分含量が30%以下になると、微生物が活動せず、呼吸熱が発生しません。また、ワラだけを積んだ場合など炭素が多すぎる場合も、微生物が活動せず発酵が進みません。

対策:水分が少ない場合は、水分をまくか、水分量の多い生ゴミや野菜クズなどを施して調節します。炭素が多い場合は、チッソ分を多く含むオカラ、米ヌカ、家畜ふんなどを入れるとよいでしょう。

Q 切り返しても温度が上がらなくなりました。

A 原因：有機物が全て分解されて完熟すると、切り返しても温度が上がらなくなります。しかし、分解されていない有機物が残っていても、水分が30％以下だと、いくら切り返しても微生物が働かず発熱しません。

対策：1、2回しか切り返しをしていないのに温度が上がらなくなった場合は、水分量をチェックしてみましょう。手で固く握って、手に水気をわずかに感じる程度の水分が必要です。

Q 外観は堆肥らしくなりましたが、中は黄色く、異臭がします。

A 原因：堆肥づくりの過程では、適度な水分や空気の状態がずっと保たれているわけではありません。分解が進むと、熱で水が蒸発し表面は堆肥らしくなる一方で、中心部は水分が多くなりがちです。空気の流通が悪く、中が嫌気状態になっています。

対策：空気の流れをよくするため、切り返しの回数を増やしてください。切り返すことで、全体の水分量を同じにします。また、雨の日以外はシートを外して堆肥の水分をとばすようにしましょう。

コラム

初心者向き

ペットボトルで作る堆肥

家庭の生ゴミ堆肥づくりの第一歩

ペットボトルを容器にしても堆肥を作ることができます。容器が透明なので、生ゴミが日々細かくなり、分解され、徐々に形がなくなっていく様子が観察できる楽しみもあります。１本の容器でできる堆肥は少量ですが、本数を多く作れば、ベランダのプランターや鉢に使う分量は十分まかなえます。

用意するもの：２ℓのペットボトル、ガーゼ、輪ゴム、新聞紙

材料：生ゴミ、野菜クズ、乾いた腐葉土または乾いた堆肥

作り方

❶ペットボトルの上部分を切る

上部の細い部分を切り、口を広げて、底に数cm腐葉土を入れる。材料から出た水分を腐葉土に吸わせるため、乾いた腐葉土を使うこと。

❷野菜クズを細かく切って天日で1〜2日干す

水気を切った生ゴミと干した野菜クズを新聞紙に広げて、乾いた腐葉土をひとつかみ加えて混ぜる。

❸材料を入れる

ペットボトルの8分目まで②の材料をぎゅうぎゅうにしっかり詰めて、防臭、防虫のため、材料の上に腐葉土を縁まで入れる。

❹虫よけにガーゼをかぶせて輪ゴムで止める

ガーゼをかぶせて輪ゴムで止めて、雨が当たらぬ20〜30℃の所に置く。

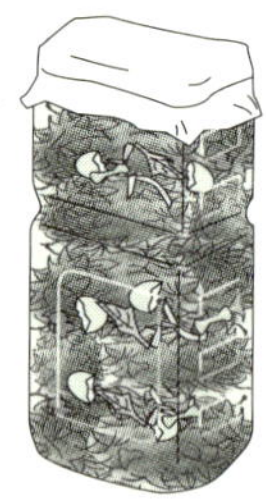

❺2週間〜1カ月後に切り返し

新聞紙に広げて材料を混ぜ合わせて、また中に入れる。

❻生ゴミの形がすっかりなくなったらでき上がり

色とにおいと手ざわりで完熟具合を確認する。

第3章

堆肥の使い方

よく、堆肥はいくら投入してもかまわない、と思われがちですが、堆肥に使用された材料の違いや、どの作物に使うのか、土の性質などによって、いつ、どのくらいの量をどんな方法で使うのか、まったく異なってきます。まずは土壌診断をして土の養分バランスをしっかり把握し、そして、作物ごとの特徴を考えて、適正な量を適切な方法で使っていく必要があります。

堆肥の使用目的と使い方

堆肥の使用目的は大きく2つ

堆肥にはさまざまな種類がありますが、使用目的によって大きく２つに分けることができます。１つ目は、土壌改良を目的とするもの、２つ目は、作物に対する肥料効果を目的とするものです。

❶ 土壌改良を目的として使う

土の環境をよくしたいときは、腐葉土やバークなど、植物由来の材料を主とした植物質堆肥を使います。

これらの堆肥は、肥料成分をわずかしか含みませんが、微生物のエサとなる炭素分を多く含むため、固い土壌の団粒化を進め、水はけと水もちをよくして、通気性も保肥力も向上させ、土をふかふかにしてくれます。

❷ 肥料効果をねらって使う

植物の生育に必要な肥料効果を期待するには、牛ふんや鶏ふんなどの家畜ふんや、台所から出る生ゴミ（食品廃棄物）を原料とした堆肥を使います。土壌改良効果もありますが、主として肥料成分（チッソ、リン酸、カリ）の供給を目的とし、化学性の改善効果にすぐれています。しかし、材料の種類によって肥料成分が違うので、注意して使わないと、土の中の肥料成分のバランスが崩れてしまい、かえって植物の生育に悪い環境を作ってしまうことにもなるので注意しましょう。

堆肥と肥料の関係

堆肥には肥料効果の高い種類もありますが、肥料を使わずに堆肥だけで植物に必要な養分を賄うことができるのかといえば、必ずしもそうとはいえません。

例えば、堆肥に含まれる肥料成分は微生物によって分解されないと植物は吸収できないため、効き目はとても緩やかです。鶏ふん堆肥など比較的速く効く種類もありますが、基本的に元肥を堆肥だけに頼ってしまうと、植物の初期生育が不良になることがあります。そのようなときは、速効性のある肥料を併用する必要があります。

また、堆肥には、数多くの肥料成分が含まれていますが、過不足した成分を補ってバランスを整えるためにも、肥料を施す必要が出てきます。

堆肥と肥料は、相互に補い合う関係にあるということを、まず認識しておきましょう。

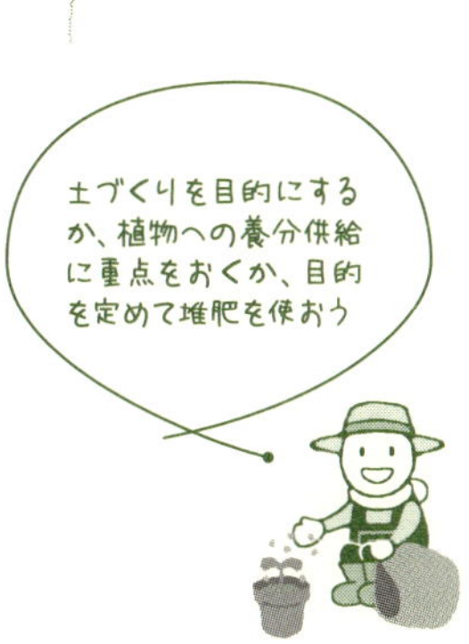
土づくりを目的にするか、植物への養分供給に重点をおくか、目的を定めて堆肥を使おう

堆肥の種類と使い方

堆肥は材料によって2分される

堆肥は、主とする材料が植物質のものか、家畜ふんや生ゴミなど肥料成分の多いものかによって、使い方が分けられます。

使い方に関する両者の大きな違いは、堆肥を使った後に肥料を補ってやるのか、反対に抑えるのか、また、堆肥と石灰を使う期間をどの程度空けるのか、などについてです。

それでは、それぞれの特徴を活かした使い方について、順番に紹介していきましょう。

植物質を主材料にした堆肥の場合

落葉やバーク、せん定クズ、ワラ、モミガラ、オガクズなどを主材料にして、植物のセンイ分を分解させて作った堆肥が、これにあてはまります。分解を促進させるための米ヌカや油カス、または、鶏ふんや牛ふんを加えたものもあります。

植物質を主材料にした堆肥には、チッソ分はほとんど含まれていません。その代わりに土の団粒化を進めて、水はけや水もち、通気性のよい、ふかふかな土をつくる効果が高いことが特徴です。

腐葉土をはじめ
植物質の堆肥は、
土づくりを目的として
使うんだよ

また、施してからの分解スピードがゆっくりなので効果は長続きしますが、不足するチッソ分は必ず元肥として肥料で補う必要があります。未熟な段階で使う場合においても、分解の過程で土壌中のチッソを吸収してしまうので、チッソ肥料も多めに施してください。

チッソ分をほとんど含まない植物質の堆肥は、石灰資材と同時に使用しても、チッソ分がアンモニアガスになって抜けることを心配する必要がありません。ただし、植物質の堆肥に家畜ふんなどを混ぜて使うときは、石灰資材を同時に使用した後、すぐに種まきや苗を植えつけたりすると、アンモニアガスが発生して、作物が害を受けることがあります。

■ 植物質堆肥の主な含有成分の割合のめやす

種　類	含有成分の割合（%）のめやす		
	チッソ	リン酸	カ　リ
腐葉土	0.3〜1	0.1〜1	0.2〜1.5
バーク堆肥	0.8〜3	0.2〜2	0.3〜1
落葉堆肥	1.5〜2	0.1〜1	0.2〜2
ワラ堆肥	0.4〜2	0.1〜2	0.2〜3
モミガラ堆肥	0.2〜1	0.1〜1	0.2〜1

主材料の違いで含有成分の割合が異なる。

腐葉土やバークなど
植物質の堆肥は
肥料成分の含有量が
比較的少ないよ

肥料成分の多い堆肥の場合

肥料成分の多い堆肥は、主に牛ふん、豚ぷん、鶏ふんなどの家畜ふんや、生ゴミを主材料にしています。

市販のものでは、家畜ふんにバーク、モミガラ、オガクズなどを加えて腐熟させたものが多いですが、家畜ふんだけでできているものもあります。牛や鶏など家畜の種類によって、肥料成分の含有量は異なります。基本的にチッソやカリ分を多く含み、その代わりに植物センイが少ないので、土壌改良効果（土づくり効果）はそれほど高くありません。

家畜ふんにバークやモミガラなどを比較的大量に加えたものは、肥料効果と土壌改良効果の両方を兼ね備えています。

家畜ふん堆肥は、チッソとカリを多く含むので、くれぐれも施しすぎには注意したいものです。例えば、トマトなどの果菜類やサツマイモなどの根菜類では、茎や葉ばかりが茂り、花や実やイモがつかなくなります。

使用する堆肥に含まれている肥料成分と土の養分バランスを考慮して、施す量を調整するようにします（量のめやすは、85ページの表を参照）。もし、肥料成分の多い堆肥を入れた場合は、元肥のチッソやカリを基準よりも抑えて施すようにします。

夏場の高温期に大量に施す場合も注意が必要で

す。なぜなら、肥料成分が多いため急激に分解が進み、アンモニアガスや有機酸などが発生して、植物がガス障害や肥やけなどの害を受けることがあるからです。

また、家畜ふん堆肥や生ゴミ堆肥を、酸度調整のための石灰資材と同時に施すことは避けてください。家畜ふん堆肥に含まれるチッソ成分が石灰資材と反応してアンモニアガスとなって抜けてしまうからです。せっかくのチッソ成分が失われるだけでなく、アンモニアガスが作物を傷めることもあります。

家畜ふん堆肥や生ゴミ堆肥は、石灰資材を入れる1週間前くらいに施しましょう。また、これらの堆肥を施したら、すぐに耕して土になじませてください。

■ 肥料成分の多い堆肥の主な含有成分の割合のめやす

種　類	含有成分の割合（%）のめやす		
	チッソ	リン酸	カ　リ
牛ふん堆肥	2〜2.5	1〜5	1〜2.5
牛ふんバーク堆肥	1〜2.5	0.5〜2	0.5〜1.5
鶏ふん堆肥	3〜5	5〜9	3〜4
豚ぷん堆肥	3〜4	5〜6	0.5〜2
生ゴミ堆肥	3.5〜3.7	1.4〜1.5	1〜1.1

主材料の違いで含有成分の割合が異なる。植物質系堆肥に比べて肥料成分が多い

生ゴミには、乾燥した
コーヒーカスなどを
混ぜると、アンモニア
などの匂い成分を
吸収してくれるよ

堆肥の施用量のめやす

いくら肥料成分の多い堆肥でも、有機物が微生物によって分解されるという過程があります。そのため、化学肥料よりも効き目がゆるやかで、作物に吸収される効率も化学肥料に比べると、それほど高くはありません。

しかし、過度に施してしまうと生育障害を引き起こす心配があります。そうならないためにも、堆肥の適正な施用量のめやすを押さえておきましょう。植物質の堆肥は1㎡あたり2～5kg、家畜ふん堆肥や生ゴミ堆肥など肥料成分の多い堆肥は0.5～1kgが一般的な量です。なお、分解を促進させるための米ヌカや油カスなどを使わず、落葉だけで作られている腐葉土の場合は、いくら施しても土が養分過多になることはありません。

また、ひと口に家畜ふん堆肥といっても、動物の種類によって成分量や効き方が違ってきます。市販品として流通している牛ふん堆肥と鶏ふん堆肥を例にすると、牛は草食のため、ふんにセンイ分が多量に含まれていますが、鶏は栄養価の高い穀物飼料を食べているので、鶏ふんは牛ふんよりも肥料成分を多く含むことになります。あまり市場流通はしていませんが、豚ぷんはその間と考えておけばよいでしょう。肥料成分の多い鶏ふん堆肥なら1㎡あたり500g、肥料成分の少ない牛ふん堆肥なら1㎡あたり2kg前後がめやすです。

このほか、土の性質によっても施す量を変える

家畜ふんでも牛と鶏では
肥料成分が違うので、
施す量も違ってくるヨ

必要があります。例えば、土が砂質なら、保肥力が小さく、過度に肥料成分を与えすぎてしまうと、植物は肥やけを起こす危険性があります。砂質の土に肥料成分の多い堆肥を施す場合は、標準的な量の半分以下に控えてください。

■ 土質によっても違う適正量

1㎡当たりの適正量（kg）

種類	土質	
	一般の畑	砂質の畑
鶏ふん堆肥	0.5前後	0.2～0.3前後
鶏ふん＋腐葉土・バーク堆肥※	0.5～1.0	0.3～0.5
豚ぷん堆肥	1.0前後	0.5前後
豚ぷん＋腐葉土・バーク堆肥※	1.0～2.0	0.5～1.0
牛ふん堆肥	2.0前後	1.0前後
牛ふん＋腐葉土・バーク堆肥※	2.0～3.0	1.0～1.5
腐葉土・バーク堆肥	**2.0～5.0** 肥料成分がほとんどなければもっと入れても大丈夫	**2.0～5.0**

※植物質の材料と家畜ふんの割合は 1：1

■ 砂地は保肥力が小さい

土のコロイド粒子に肥料成分が蓄えられないと、土壌溶液の肥料濃度が高くなり、塩漬けしたように根の水分が奪われてしまう。これが、肥やけの状態。

肥料成分が
多すぎるんだ…
砂地

■堆肥と肥料の効果の相関関係

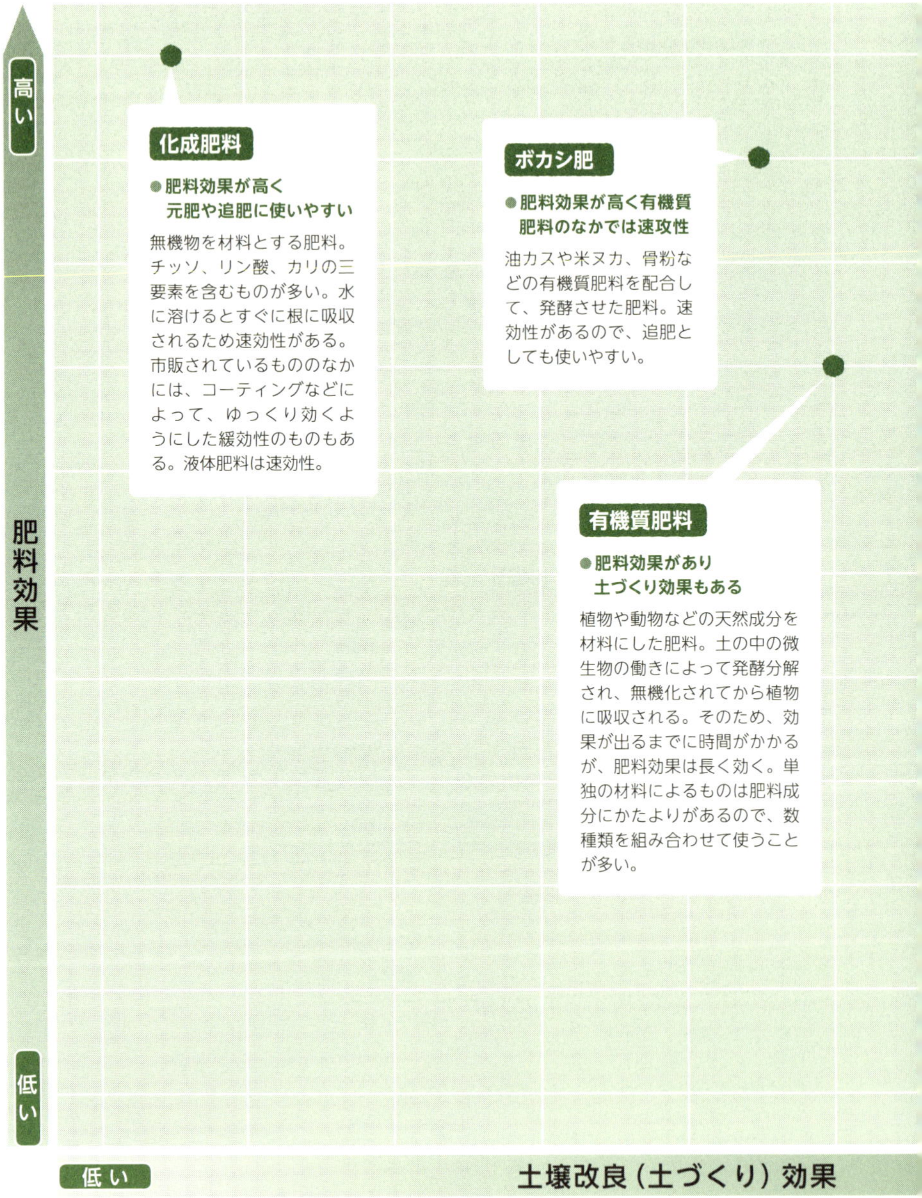
高い
肥料効果
低い
化成肥料
●肥料効果が高く
元肥や追肥に使いやすい
無機物を材料とする肥料。チッソ、リン酸、カリの三要素を含むものが多い。水に溶けるとすぐに根に吸収されるため速効性がある。市販されているもののなかには、コーティングなどによって、ゆっくり効くようにした緩効性のものもある。液体肥料は速効性。
ボカシ肥
●肥料効果が高く有機質肥料のなかでは速攻性
油カスや米ヌカ、骨粉などの有機質肥料を配合して、発酵させた肥料。速効性があるので、追肥としても使いやすい。
有機質肥料
●肥料効果があり
土づくり効果もある
植物や動物などの天然成分を材料にした肥料。土の中の微生物の働きによって発酵分解され、無機化されてから植物に吸収される。そのため、効果が出るまでに時間がかかるが、肥料効果は長く効く。単独の材料によるものは肥料成分にかたよりがあるので、数種類を組み合わせて使うことが多い。
低い
土壌改良（土づくり）効果

草木灰

●土づくり効果もあるカリ肥料

速効性のカリ肥料。アルカリ性なので、土のpH調整にも利用できる。

家畜ふん堆肥

●肥料効果が高く、土づくり効果もある

家畜ふんを材料にして発酵させたもの。保水性、保肥性に優れ、肥料成分を含み、肥料効果が高い。土壌改良効果も見込める。

生ゴミ堆肥

●家庭のゴミを活用。肥料効果も高い

魚カスや野菜クズ、コーヒーカス、茶ガラなど、家庭から出る生ゴミを活用すれば、肥料効果の高い堆肥になる。

モミガラ燻炭

●土づくり効果が高く pH調整にも使える

モミガラをいぶして炭化させたもの。土に混ぜると通気性、保水性が改善され、根腐れ防止にも役立ち、土のpH調整にも使える。

バーク堆肥

●土づくり効果が高い

バーク（樹皮）やせん定クズなど植物性のものを材料にして発酵させたもの。通気性、排水性がよく、土壌改良に役立つ。本来は肥料効果は低いが、市販されているものの多くは鶏ふんや油カスなどの発酵補助材が加えられている。

腐葉土

●土づくり効果が高く土をふかふかにする

広葉樹の落葉を堆積させ、発酵、腐熟させたもの。土づくり効果がある。庭木や公園の落葉などを利用して家庭でも作れる。

無機質の改良用土

●粘土質や砂質の土の構造を改善する

用土自体が持つ物理的な性質で、土の状態を変えようというもの。パーライトは通気性、排水性に優れ、バーミキュライトは保水性に富み、適度な通気性もある。川砂は通気性がよい。

高い

土づくりの基本的な流れ

堆肥を入れる前に土壌診断を

家庭菜園での野菜づくり・花づくりのために、種まき、植えつけに向けて土づくりの準備をしていきましょう。植物が生育しやすい環境にしていくために、まず堆肥を入れて耕していくのですが、先に述べたように、土にどれくらいの肥料成分が含まれているのか把握しておかないと、土の中の養分バランスを崩して、かえって植物のためによくならないということにもつながりかねません。

土づくりの大まかな手順は次の①～④の行程になりますが、何をどれだけ入れればよいのか、それを判断するための大切な作業が「土の健康診断」です。土づくりの第一歩は、まず、土の状態を知ることから始まります。

❶土の健康診断をする

土の水はけや水もち、通気性の良し悪しなどをチェックし、土のpHや養分バランスを診断します。しっかりと土の状態を把握しておかないと、堆肥や肥料の適正な施用量を守れなくなります。

土のpHと
養分バランスの
測定方法は、
次の90～91ページに
掲載しているよ

❷堆肥を施して耕す

草を取り、雑草の根や石、ゴミなどを取り除いたら堆肥を施しましょう。堆肥の種類や発酵の具合にもよりますが、少なくとも植えつけや種まきの2～3週間前までに作業します。堆肥を鋤き込みながら、大きな土塊がなくなるように耕し、土の粒子とよくなじませてやります。

❸石灰資材を施す

土が酸性に傾いている場合は、石灰資材を施します。しかし、植物によっては酸性を好むものもあるので、栽培する植物の適正酸度を調べてから行いましょう。また、石灰資材と肥料を同時に施すと家畜ふん堆肥と同様に、アンモニアガスが発生することがありますから、石灰資材は元肥を入れる1週間前に施すようにしましょう。

❹元肥を施す

植物が生育するのに必要な養分を元肥として土に混ぜます。化成肥料やボカシ肥は、種まき、植えつけの1週間ほど前に入れておきましょう。油カスなどの未発酵の有機質肥料は、2～3週間前に施して、土の中でよくなじませておく必要があります。

土の養分バランスを調べる

堆肥は基本的には１年に１度、作付け前に投入するとよいのですが、ゆっくり効くので、大量に入れ続けていると、気づかないうちに養分が土の中に蓄積し、養分過剰の原因にもなります。

土の健康診断の手順は、まず土を見たり触ってみたりして、その物理性をチェックし、pH試験紙などを使って土のpHを測定していきます。さらに、土の養分バランスを調べて、堆肥や肥料の施用による養分過剰を防ぐ必要がありますが、土の中にどれだけの肥料成分が含まれているかを正確に調べるには、JAをはじめとした専門機関に依頼しなければなりません。

そこで、手軽に土の肥料成分を調べられる方法として、農大式簡易土壌診断キット「みどりくん」を紹介しましょう。肥料の三要素であるチッソ、リン酸、カリの各成分量がわかる他、土のpHも調べることができます。各メーカーや種苗会社から通信販売などで購入することが可能です。

また、この診断キットは使い捨てですが、何度も繰り返し使えるECメーターも市販されています。少し値が張りますが、いつでも好きなときに診断できるので、購入してみるのもよいでしょう。

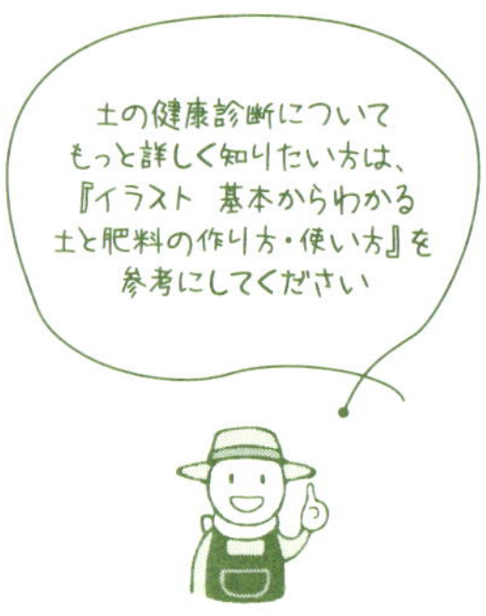
土の健康診断について
もっと詳しく知りたい方は、
『イラスト　基本からわかる
土と肥料の作り方・使い方』を
参考にしてください

「みどりくん」の使い方

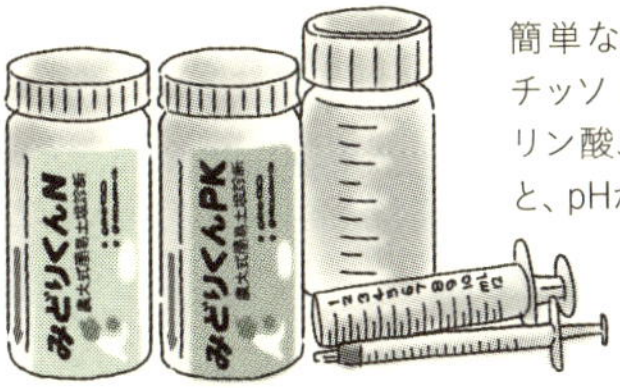
みどりくんN
みどりくんPK

簡単な操作で土壌中のチッソ（硝酸態チッソ）、リン酸、カリの各成分量と、pHが計測できる。

溝を掘り、深さ5～10cmのところに採取器を差し込む

↓

土を5mℓ 採取する

↓

採取した土をプラスチック容器に入れる

←

市販の精製水を50mℓのラインまで加え、1分間激しく振る

←

懸濁液に試験紙を3秒間浸した後、取り出して1分間反応させる

↓

試験紙のプラスチック側の面の色を容器表面のカラーチャートと比べて数値を読む。上がpH、下が硝酸態チッソ。測定値は、pHが6.5～7.0、硝酸態チッソの値が5と読み取れた場合は、10a当たり（深さ15cmまで）5kg含まれていることになる

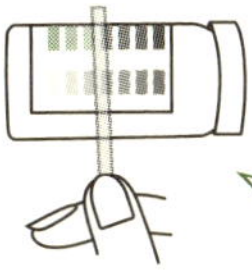

測定値を1㎡当たりに換算

10aで1000㎡、5kg＝5000gなので、5000÷1000=5となり、1㎡当たり5g分を元肥から引いて施肥する。なお、リン酸とカリも同様の方法で測定できる

■コンパクトECメーター

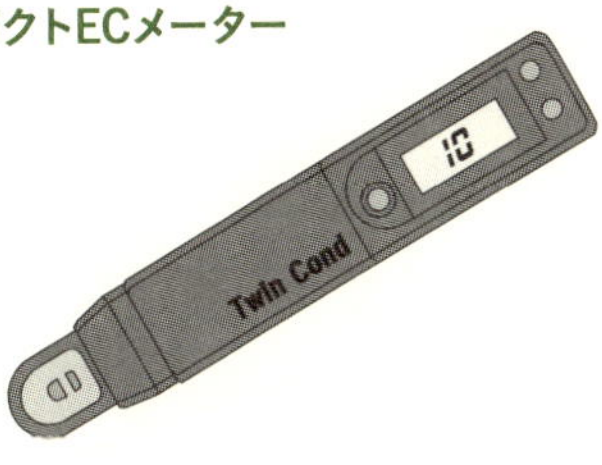
Twin Cond

肥料成分がどの程度含まれているか、
EC（塩類濃度）を測ると
おおよその値がわかるんだ。
pHもいっしょに測れる商品も
販売されているよ。

栽培場所と堆肥の施し方

畑での野菜づくりの場合

畑の草取りなどを済ませ、堆肥を施して、土と堆肥がよく混ざるように耕します。畑を耕すのは、土壌を深くまでやわらかくして酸素を多く含ませること、土の塊を細かく砕いて堆肥や肥料などを土の粒子になじませること、排水をよくして、根の張る部分（作土層）を深くすること、などが目的です。

畑で野菜を作る場合は、水はけをよくし、作土層を確保する目的で、畝《うね》を立てて栽培するのが一般的です。そして、育てる野菜によって、堆肥や肥料の施用の仕方が違ってくるため、それに合わせて畝立てをしなければなりません。

施し方には、全面に散布して、深さ15～20cmの全層に耕しながら混ぜ込む「全面施用」と、畝を立てる前に畝の中央部分に溝を条《すじ》状に掘って入れ、その上に畝を立てる「溝施用」、植える穴の下部分に入れる「穴施用」の3通りの方法があります。

家畜ふんや生ゴミ堆肥など肥料成分の多いものは、溝施用や穴施用など局所的な施用も効果があります。

1 全面施用

コマツナやホウレンソウなど軟弱野菜向き

作業が楽で、堆肥が均一に混ざるので、畑全体の土づくりになる。しかし、堆肥をたくさん必要とすることと、施した後、すぐに種まきや作付けをすると肥やけする。

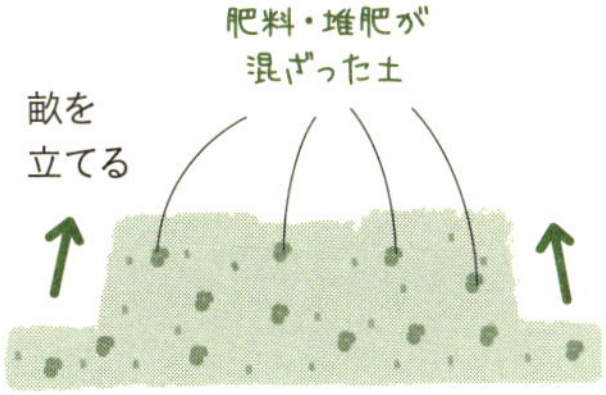
肥料・堆肥が
混ざった土
畝を
立てる

2 溝施用

トマト、キュウリ、ナスなどの果菜、ダイコン、ニンジンなどの根菜向き

堆肥がムダなく長時間効く。施用後すぐに種まきや植えつけができるが、根が伸びて、堆肥や肥料に届くまで効きめがない。

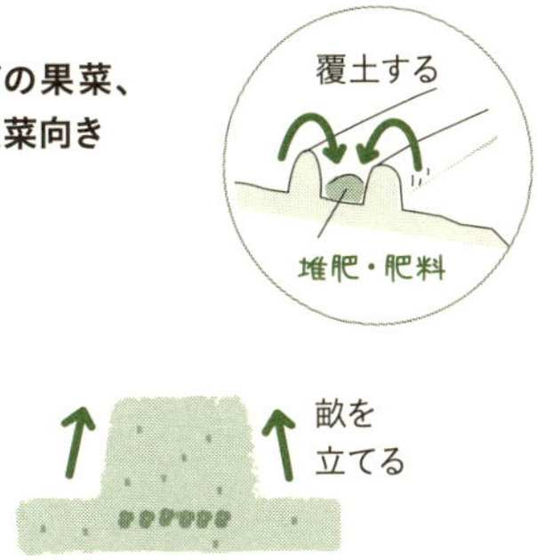
覆土する
堆肥・肥料
畝を
立てる

3 穴施用

トマト、キュウリ、ナスなどの果菜向き

溝施用の一種。部分的に穴を掘って施すので堆肥や肥料の量のムダがなく、長時間効く。

堆肥・肥料

肥料成分の要求度

	草 花
多く求める草花	ペチュニア パンジー サルビア マリーゴールド ケイトウ アゲラタム など
ふつうでよい草花	スイトピー キンセンカ アサガオ ホウセンカ など
少しでよい草花	キンギョソウ コリウス インパチェンス など

※堆肥は通常1～2kg/㎡を全面全層に施す

一年草の草花には、ほとんどの種類の堆肥が使えるけど、チッソが多すぎると花がきれいに咲かないから注意してね！

花壇での花づくりの場合

庭の花壇では畝を立てる必要なく、そのまま鋤き込んでしまってかまわないのですが、一年草の草花を植えるか、多年草の草花を植えるかで、施用量のめやすが違ってきます。

❶ 一年草の草花の場合

一年草の草花とは、種をまいて芽を出し、花が咲いて実を結んで枯れるまでの間が1年以内の草花です。花壇では、腐葉土でも家畜ふん堆肥でもほとんどの種類が使えますが、必ず種まきや植えつけの2～3週間前に施して、土によくなじませておきます。

施す量は、1㎡あたり、植物質の堆肥で1～2kg前後、家畜ふんなど肥料成分の多い堆肥なら1kg前後に控え、特に鶏ふんは0.5kg以下にします。

肥料成分は、チッソ、リン酸、カリの三要素がバランスよく必要ですが、チッソが多すぎると茎や葉ばかりが茂ってしまい、きれいに花が咲かなくなってしまいます。

花の種類によってかなり差がありますが、品種改良が進んだ草花は、肥料成分をわりあい多く必要とします。逆に改良の進んでいない野性に近いものでは、あまり肥料成分を必要としません。こうした点を踏まえ、堆肥を施すさいには、どんな草花を育てるのかによって、その施用量を変えていくことが大切です。

❷ 多年草の草花の場合

多年草というのは、3年以上生存している草花の総称です。ランやオモト類など1年中緑の葉をつけているものと、冬になると地上部は枯れて、地下部だけが生き残る宿根草花とがあります。

花壇に植える多年草の草花は、主に宿根草花が多いです。一度植えつけて、管理がよければ、長いことそのままで花を楽しむことができます。

多年草は、植えつけてしまうと、掘り返すことができないので、途中で堆肥を施すのはやっかいです。そのため、一年草の草花に比べて、通常は植えつけるときにたっぷり堆肥を施しておきます。腐葉土など植物質の堆肥を1㎡あたり、2〜3kg以上、家畜ふん堆肥なら、鶏ふん堆肥は長くもたないので、センイ分の多い牛ふん堆肥を1〜2kgくらい施すのがよいでしょう。

肥料成分の中でもリン酸は、花をよく咲かせるために必要です。種類によって異なるため一概にはいえませんが、大きく育つものほどたくさん必要とします。

キクやカーネーションなどは肥料成分の要求量が多いので、堆肥を入れた後、1㎡あたり、200〜300gほどの普通化成肥料を春芽が出る前に施して、肥料成分を補ってやります。そして、2カ月後くらいに追肥をし、その後は様子を見ながら追肥をしていくとよいでしょう。

多年草の草花は、
植えつけ前に
たっぷり堆肥を施して
土づくりをして、
多種類植えておくと、
1年中楽しめるよ

鉢・プランターの場合

鉢やプランターなどコンテナで野菜や花を作る場合、畑や庭の土をそのまま入れて使ってしまうのは失敗の元です。コンテナ栽培では、限られたスペースに植物を根づかせて育てるため、畑や花壇以上に土のよし悪しが大切です。

そこで、コンテナ栽培での堆肥の使い方とポイントを以下に紹介します。

❶ 通気性と水はけが重要

畑や花壇で栽培すると、根は水や空気を求めて自由に伸びることができますが、コンテナ栽培では、根は限られたスペースの中でしか張ることができません。そのため、畑や花壇の土以上に通気性と水はけのよさが求められます。

この条件を満たすには、ベースとなる基本用土に加えて、数種類の改良用土をブレンドする必要がありますが、そこに使う堆肥は肥料成分の多いものではなく、腐葉土やバーク堆肥など、植物センイが多く、土の機能を高めてくれる堆肥を選びます。

具体的には、ベースとなる基本用土は畑でも庭の土でも身近な土（赤土、黒土、赤玉土など）で構いません。それに、腐葉土など植物質の堆肥、もしくはピートモスをだいたい6：3～4の割合で混ぜ合わせます。それに改良用土（バーミキュライト、パーライト、モミガラ燻炭《くんたん》、ゼオライトなど）を10％くらい加えると、通気性、水もちがよくなります。

❷ 土づくりは植えつけの1カ月以上前に

　腐葉土と基本用土をよくなじませるために、土づくりは1カ月以上前から進めておきましょう。

　鉢・プランターは土の量が限られており、また、水はけのよさを重視した土づくりを行っているので、肥切れ、水切れにならないように、こまめな灌水が大切になります。

■ コンテナ栽培用土のブレンドの例

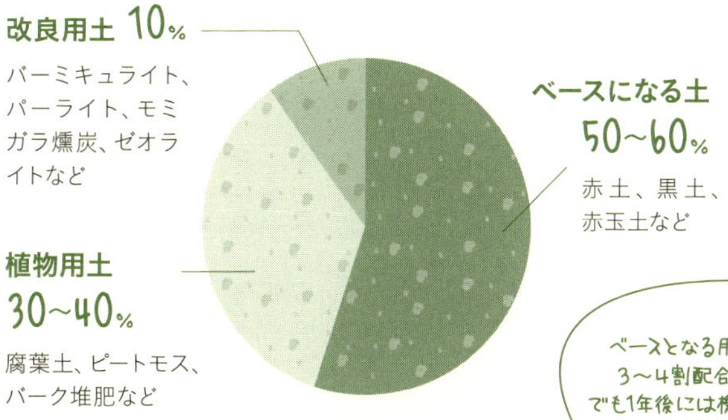
改良用土 10％
バーミキュライト、パーライト、モミガラ燻炭、ゼオライトなど
ベースになる土 50〜60％
赤土、黒土、赤玉土など
植物用土 30〜40％
腐葉土、ピートモス、バーク堆肥など

ここに苦土石灰（用土1ℓ当たり1g）と、化成肥料（N：P：K=15：15：15のものなら、用土1ℓあたり1〜2g）を加える

ベースとなる用土に植物用土を
3〜4割配合すればいいよ！
でも1年後には機能が低下するから
土づくりをし直してね

作物のタイプ別の施し方

作物の吸収特性に合わせて施す

堆肥を施すさいには、肥料と堆肥を別々に考えるのではなく、堆肥に含まれている肥料成分を含め、総合的な施用量を考える必要があります。

また、堆肥の種類によって、分解が早いか遅いかという違いがあることにも注意する必要があります。育てる野菜や花がどのくらいの生育時期にどのような肥料成分を必要とするかということを考えた上で施すようにします。そうすれば、作物がスムーズに生育するだけでなく、肥料成分を必要な分だけ与えることができ、環境にやさしい園芸が可能になります。

ここでは、肥料成分の吸収特性を作物別に、伸び上がり型、平常型、先行吸収型の3つの型に分けて説明します。

伸び上がり型

伸び上がり型は、初期にゆっくり育てて、根や果実の肥大期から収穫期までに一気に肥料成分を必要とするものです。ダイコン、ニンジン、スイカ、カボチャ、メロンなどがこれに入ります。肥料成分の多い堆肥や元肥は控えめにし、後で追肥で補っていくようにします。

平常型

平常型は、生育する全期間にわたって肥料成分を必要とするものです。トマト、キュウリ、ナス、ネギなど生育期間の長いものがこれに入ります。多くの草花もこれに分類されますが、きれいな花を咲かせるために、リン酸を多く必要とします。逆にチッソがいつまでも多いときれいな花を咲かせられません。

先行吸収型

先行吸収型は、生育初期から養分を与え、生長させなければならないものです。ホウレンソウ、コカブ、サツマイモ、ジャガイモ、レタスなど生育期間の短い野菜がこれにあてはまります。土づくりのときに、堆肥や元肥で十分な肥料成分を供給しておきます。

ちなみに、家畜ふんの肥料効果の中でも違いがあります。鶏ふんは速効性で、牛ふんは遅効性です。従って、この2つを組み合わせれば、前述した3つの吸収特性に合わせて堆肥を使うことができます。例えば、伸び上がり型は牛ふん主体、平常型は鶏ふんと牛ふんの組み合わせ、先行吸収型は鶏ふん主体、というように、作物ごとの肥料成分の吸収特性に合わせて堆肥を使い分けていくとよいでしょう。

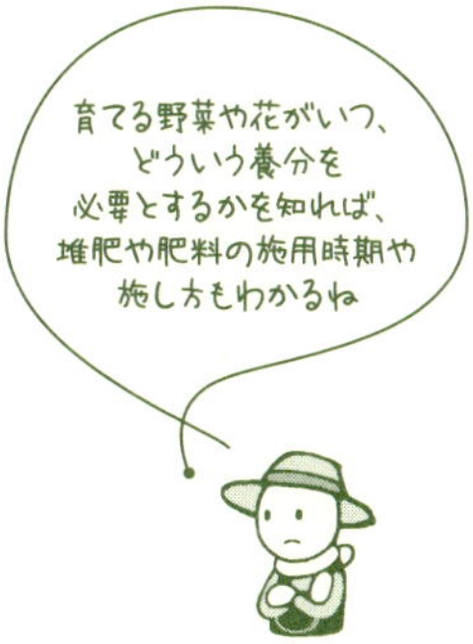

土の性質と堆肥の施し方

粘土質の土を改良する場合

土の塊を指先でこすり合わせたとき、ツルツルしているようなら粘土質の土壌です。

粘土質の土壌は、水もちと保肥性はよいのですが、水はけと通気性が悪いのが欠点です。乾くと地表面がカチカチに固くなったり、表面にひびが入ったりして、耕すのもたいへんなことがあります。これを改良するために堆肥を施します。

❶堆肥の施用の仕方

毎年、土づくりのときに、1㎡あたり2〜3kgの腐葉土やバーク堆肥など植物質の堆肥を施していきます。そうすることで、土はふかふかの状態となり、粘土質土壌は徐々に改善されていきます。

❷改良用土も使ってみる

もし、堆肥を使っただけでは効果が現れないようなら、堆肥に加えて、川砂やパーライトのような多孔質の土壌改良材を使う方法もあります。施用量のめやすは、1㎡あたり5kgほどです。施すとすき間ができて、水はけや通気性がさらによくなります。

粘土質土壌を好む野菜

乾燥に弱く、水もちのよい土を好むサトイモは、粘土質土壌で育てると、ねっとりとした食味になる。そのほかにエダマメも、比較的粘土質の土壌を好み、生育がよくなる。

砂質の土を改良する場合

土の塊を指先でこすり合わせたとき、ザラザラしているようなら砂質の土壌です。砂質の土壌は、一部をのぞいて、野菜づくりには適さない土壌です。

砂質の土壌は水はけや通気性はよいのですが、水もちも保肥性もよくありません。そのため、水分や養分が流亡しやすいだけでなく、通常の土と同じ感覚で肥料や肥料成分の多い堆肥を施すと、作物が肥やけを起こしてしまいます。

これを改良するには、以下の方法があります。

❶堆肥と粘土質の土で改良する

砂質と反対の性質をもつ粘土質の土を入れて改良できます。ただし、粘土質の土だけを入れると、粘土質の中に細かい砂が入り込み、カチカチに固まってしまいかねません。

そこで、土づくりの最初の段階で、腐葉土など植物質の堆肥を大量に施し、同時に赤土や黒土などの粘土質の多い土を入れます。施用量のめやすは、1㎡あたり堆肥4kg、粘土質の土2kgです。畑や花壇全面に散布して、土とよく混ぜ合わせます。

❷改良用土でも代替できる

粘土質の土の代わりにバーミキュライトやゼオライトなどの改良用土材を使う方法もあります。施用量のめやすは、1㎡あたり1～2ℓです。コストはかかりますが、効果があります。

砂質土壌を好む野菜

砂質の程度にもよるが、スイカ、カボチャ、サツマイモ、ラッカセイなどは、砂質土壌を好む。トマト栽培では、糖度を増すために砂質土壌で、あえて吸水制限をして栽培することがある。

改良用土をこれだけ用意するのが難しい場合は、堆肥や肥料と混ぜて、植え穴に入れると、少量で済むヨ

土壌環境で異なる堆肥の分解

夏と冬では大きく異なる

堆肥の分解は、温度によって左右されます。なぜなら、分解の働きには微生物が関係しているからです。微生物の種類によって活動の最適温度は違いますが、一般に土壌微生物の活性が最大になるのは、30～60℃です。このため、夏よりも冬のほうが堆肥の分解がゆっくりになり、チッソ成分の発生量も抑えられます。

では、夏と冬でどれだけチッソ成分の発生量に違いがでてくるのでしょうか。半年間に発生する作物に吸収可能なチッソ（無機態チッソ）を、夏作時期（4月から9月）と冬作時期（10月から3月）に分けて比較してみると、夏作では堆肥に含まれるチッソ成分の23％が分解するのに対し、冬作では14％しか分解されません。

冬に堆肥を施すさいには、堆肥に含まれるチッソ成分の効き目を夏のときよりも低く評価し、元肥や追肥などで不足するチッソ分を補ってやる必要があります。ただし、夏の温度が高い時期でも、乾燥が続いて水分が少なくなれば、微生物の活動は弱まり、堆肥の分解が進まなくなるということも押さえておきましょう。

水分量や土のpHでも異なる

堆肥の中の微生物の活動は、温度だけでなく、土に含まれる水分量やpH、土の性質などによっても左右され、それらの条件によっても堆肥に対する分解力が違ってきます。

土の水分は、最大容水量（もっとも水を吸収できる量）の50〜60％が適しています。

微生物の種類によっても水分量の好みは異なり、糸状菌や放線菌はやや乾燥を好みますが、極端な乾燥状態では活動しません。最近では、やや水分が多い方がよいといわれてはいますが、加湿になりすぎると嫌気性菌が活動し始めますから、堆肥の分解が進まなくなります。

一般に、土のpHは中性が最も微生物の活動に適しているといわれており、堆肥の分解も盛んです。極度な酸性やアルカリ性では、微生物の多くは活動が低下してしまいます。微生物の種類によっても、適したpHは異るので一概にはいえませんが、細菌（バクテリア）や放線菌には中性が、糸状菌はやや酸性が適しています。

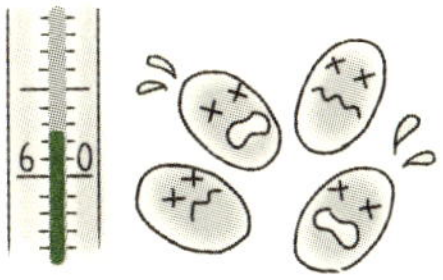

62℃を超えるとタンパク質は凝固し始め、微生物や酵素はダメージを受けるものが出る

■ 微生物の活動しやすい環境と条件

原料	温度	水分	酸素
糸状菌	15〜40℃	20〜80％	好き
酵　母	15〜40℃	多めを好む	幅広く対応可能
納豆菌	30〜65℃	20〜80％	大好き
放線菌	30〜65℃	20〜80％	大好き
乳酸菌	15〜40℃	ないとダメ	嫌い

- 数値、内容は農業分野で多くみられるもの。
- 納豆菌とは、枯草菌などのバチルス菌をさす。
- 納豆菌、放線菌の中には80℃くらいでも増殖するものもある。

コラム

生ゴミをそのまま利用する

環境にもやさしい生ゴミ

有機物を有効に利用する方法としておすすめなのが、生ゴミをそのまま使う方法です。家族4人の標準的な家庭から1日に出る生ゴミは約1kgといわれています。この量の生ゴミをそのまま利用することは、作物の肥料にもなり、環境にもやさしいので、一挙両得です。
先に作り方を紹介した生ゴミ堆肥と異なり、有機物の分解時に発生するガスの被害を防ぐために、すぐに作付けできないことが欠点ですが、チッソ分が豊富なので、リン酸とカリ分を含む発酵鶏ふんを足せば、安価で環境にもやさしい肥料にもなります。畑全面に生ゴミを混ぜる方法もありますが、土の表面に出て悪臭を放ったり、タネバエがわいたりすることがあるので、溝施肥がよいでしょう。

生ゴミの施し方

畝の下に深さ20cmほどの細長い溝を掘り、生ゴミを入れていきます。

❶溝の一部に、1日分もしくは数日分の生ゴミを入れる。

❷掘り上げた土の約半分を溝に戻し、生ゴミとよく混ぜ合わせる。

❸残りの土を戻し、平らにする。

❹翌日、もしくは数日後に、前回生ゴミを入れた溝の続きに生ゴミを入れ、②～③を行う。

❺この作業を繰り返し、生ゴミを入れて1カ月たった場所から、作付けが可能になる。

標準的な家庭から1日約1kg出る生ゴミを畑の畝に直接入れる場合は、長さ30cmほどがめやすです。この作業を繰り返し、生ゴミを入れてから1カ月たった場所から、作付けが可能になります。いちどに畑全体を使えるようにするのは大変ですが、生ゴミを入れる畝と作付けする畝をずらし、計画的に作付けしていけば、問題ないでしょう。

第4章

緑肥の効果と使い方

土壌中に有機物を補給する方法は有機質肥料や堆肥だけではありません。それが、この章で紹介する「緑《りょく》肥《ひ》」です。緑肥は有機物を還元して土をふかふかにするだけではなく、土の中に貯まった肥料成分を吸い取って養分バランスを直してくれたり、連作障害や土壌病害を防いだりもしてくれます。いま、注目されている緑肥の効果とその使い方についてみていきましょう。

緑肥とは何か

ボカシ肥については、『イラスト 基本からわかる土と肥料の作り方・使い方』P134〜参照のこと。

近年注目の土づくりの方法

今まで見てきたように、堆肥は土に施す有機物の代表的な資材なのですが、堆肥だけが有機物ではありません。例えば、油カスや鶏ふん、米ヌカなどの有機質肥料や、それらを発酵させたボカシ肥もあります。ただし、これらの有機質資材は、養分を多く含むため、土づくり資材としてだけではなく、肥料としても使われるケースが多いです。

これら以外に、土づくり効果を高めるために使われるのが、この章で紹介する「緑《りょく》肥《ひ》」です。緑肥とは、栽培している植物を収穫せずに、そのまま土の中に鋤き込んでしまう方法であり、そのための植物を緑肥作物といいます。エンバクなどのムギの仲間、トウモロコシやソルゴーなどのイネ科の植物、あるいはクローバーやレンゲなどのマメ科の植物、他にマリーゴールド、ヒマワリなど、さまざまな種類があります。

もしかすると、一般の園芸愛好者には馴染みの薄い言葉かもしれませんが、農家の間では古くから使われてきた栽培法であり、近年では、有機農業だけでなく、慣行農業でも重要な位置を占めるようになりました。

緑肥は古くから用いられてきた作物を育てるうえでの知恵。最近はさらに研究が進められているヨ

作物を収穫せず鋤き込んで利用

緑肥は、家庭園芸の世界にも広まりつつあります。その理由のひとつが、堆肥とは違って、別の場所で発酵させるという手間を必要としないことです。前述したように、大規模であれ小規模であれ、有機物を完熟堆肥にするのは、それなりの技術や時間がかかります。しかし、緑肥は、栽培している植物を、そのまま土の中に鋤き込んでしまえばよいのです。言い方を代えるなら、有機物を別の場所で堆肥化させるのではなく、土の中で微生物の力を借りて堆肥化させる、ということなのです。

また、基本的には畑や花壇での輪作の一環として、あるいは土の養分バランスを整えたり、土壌微生物を活発にさせたりする目的で、緑肥作物を栽培することが多いのですが、収穫したい作物といっしょに育てると、互いによい影響を与え合ったり（コンパニオンプランツ効果）、病害虫の天敵となる虫を呼び寄せたり（バンカープランツ効果）してくれます。しかも、花を咲かせる緑肥作物を植えると、土づくりという本来の目的に加えて、きれいな花々が私たちの心も癒してくれます。

■緑肥の効果

- 手軽で安全
- 値段が安い
- 土壌の休憩に効果がある

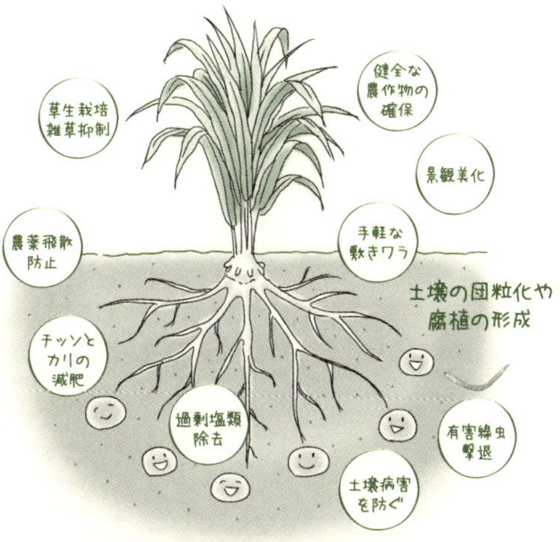
草生栽培
雑草抑制
健全な
農作物の
確保
景観美化
農薬飛散
防止
手軽な
敷きワラ
土壌の団粒化や
腐植の形成
チッソと
カリの
減肥
過剰塩類
除去
有害線虫
撃退
土壌病害
を防ぐ

景観性にも優れている

各地の町おこしにも貢献

みなさんは、北海道の十勝平野など広大な畑作地帯で、辺り一面にヒマワリが花を咲かせている光景を目にしたことはないでしょうか。あれは、けっしてヒマワリの花を楽しんだり、種からヒマワリ油を採ったりするために育てているのではなく、あくまで、緑肥として利用するために育てているのです。

北海道の畑作地帯では、コムギ、トウモロコシ、テンサイ（サトウダイコン）、ジャガイモなどの作付けをローテーション（輪作）しており、ヒマワリはその一環として組み込まれています。夏に、ヒマワリの花は満開を迎えますが、ほどなくトラクターで押し倒して、ロータリーやプラウで花はもちろん、茎や葉、根まで鋤き込んでしまいます。そして、翌春のための土づくりに生かしているのです。

北海道ではこのほか、オホーツク海に面した網走管内においては、9月下旬になると国道沿い一面に黄色の花を咲かせるシロカラシが有名ですし、本州でも、水田の裏作として育てられることが多いレンゲや、野菜作の畑でマリーゴールドなどを

シロカラシ

有害センチュウの対抗作物として使われている。暖地では春、寒地では秋に黄色の美しい花をつける。

北海道の「シロカラシ」は有名。観光誘致にもひと役買っている！

育てている地域があります。そして、こうした地域では、緑肥作物による美しい景観を生かして観光客を呼び込もうと、町おこしにつなげるケースも珍しくありません。

菜園の空きスペースにおすすめ

では、家庭菜園に目を向けてみましょう。

家庭菜園では、限られたスペースを有効に利用しつつ、同じ科の植物を育てることによる連作障害を防ぐために、どのスペースにどんな野菜を育てようかと、年間のスケジュールを立てることが多いと思います。しかし、どんなに工夫して作付け計画を立てても、空きスペースは生まれるものです。そして、そのスペースをただ放置していたのでは、雑草が生い茂り荒れてしまいます。そんな時、花のきれいな緑肥を植えておくと、景観美化にもつながりますし、その後の土づくりも併せて行うことができて、一石二鳥です。

むろん、空きスペースの有無に関わらず、他の作物と混植したり、輪作体系の中に緑肥作物を組み込んだりしておくと、連作障害に対する備えになるので、ぜひ、家庭菜園にも取り入れたいものです。

クリムソンクローバー

ダイズシストセンチュウ対策として使われ、深紅のストロベリー状の花が美しく、切り花や鉢植えとしても利用されている。開花時期は暖地で5〜6月、寒地で7月頃。

ナバナ

水田裏作の緑肥として使われる。草丈が高く、よく繁茂する。秋に種をまくと春に美しい黄色の花が咲き、景観用にも食用にも最適。

レンゲ

かわいらしいピンクの花は、水田裏作の緑肥として、また、訪花昆虫を呼び寄せる花として、使われている。開花期の若い茎葉はチッソ含有量が高く、分解も早いので、速効力がある。

緑肥と堆肥の違い

緑肥と堆肥はどう違う？

緑肥の最大のメリットは、植物を生きたまま畑の中に鋤き込み、直接土の中で堆肥化（分解）させるため、完熟堆肥のように別の場所で堆肥化させる手間がかからないことです。まさに、緑肥は未熟堆肥の原点ともいえる存在です。そのため、緑肥を使うときには、未熟堆肥と同じように取り扱う必要があります（66ページより参照）。

完熟堆肥では、投入後ほどなく種まきや苗の植えつけができますが、緑肥では、鋤き込んだら半月から１カ月、秋冬など低温の季節においては、２カ月ほど待つようにします。

堆肥にはない緑肥の利点

そのように、緑肥を施した土に種まきや植えつけができるまで、ある程度の時間を要するのですが、緑肥には完熟堆肥にはないメリットがあります。まずは、炭素分を多く含むことです。つまり、微生物のエサが多いわけですから、それだけ微生物が増殖し、土の団粒化も促進してくれるので、土づくり効果が抜群なのです。

しかも、イネ科植物に代表されるように、緑肥作物の中には根を地中深くまで伸ばす種類のものがあり、根の生長による土の団粒化や地中からの養分の吸い上げ効果も期待できます。

さらに、完熟堆肥とも未熟堆肥とも異なる決定的な点は、緑肥は畑の外から養分を持ち込まないということです。堆肥では生ゴミや家畜ふんなど材料の多くが畑以外から持ち込まれますが、緑肥ではその場所の土の中から養分を取り込み生長するため、それを鋤き込めば、養分を循環させることができます。土の中にチッソ分を固定するマメ科植物を除いては、いくら緑肥を鋤き込んでも、その土が現状よりも養分過多になることはありません。

緑肥は土壌の浸食や風食を軽減する

緑肥により土壌が覆われることで、土壌の浸食や風食を軽減してくれる効果もある。

■緑肥は微生物を育てる

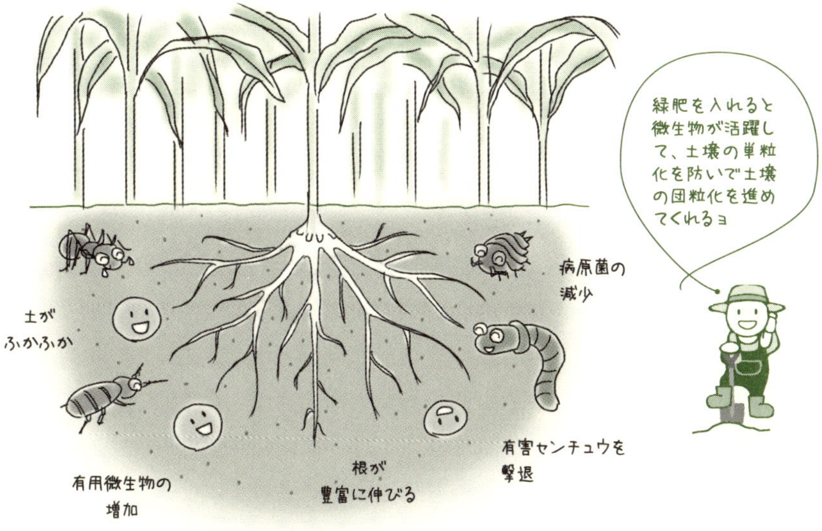
土が
ふかふか
病原菌の
減少
有用微生物の
増加
根が
豊富に伸びる
有害センチュウを
撃退
緑肥を入れると
微生物が活躍し
て、土壌の単粒
化を防いで土壌
の団粒化を進め
てくれるヨ

緑肥の効果①
～土の養分バランスを整える～

土壌の過剰な養分を吸収

前項で紹介した、作物を連作したことによる土壌生物相の偏りを直したり、土壌中に過剰に蓄積した養分を吸収して、養分バランスを整えてくれたりする緑肥作物のことを「クリーニングクロップ」といいます。

土の性質にもよりますが、長年、堆肥や肥料を施して大切に管理してきた畑や花壇、キュウリやナスなどの果菜類、ホウレンソウやキャベツなどの葉菜類を作り続けた畑、トンネルやハウス栽培を行っていた場所などは、養分過多になっていることがあります。

こうした畑や花壇では、求肥力の強いトウモロコシやソルゴーなどを植えて、過剰な養分を吸い上げてもらうとよいでしょう。例えば、1作目にトウモロコシを育てて実を収穫し、茎葉を緑肥として鋤き込みます。2作目にクウシンサイの種をまき、枝先を順次摘み取り、茎葉が堅くなったら同じく緑肥として鋤き込みます。そして、3作目にブロッコリーやカリフラワーを育て、収穫します。どれも求肥力のある作物なので、この過程で、過剰な養分を取り除いてくれます。

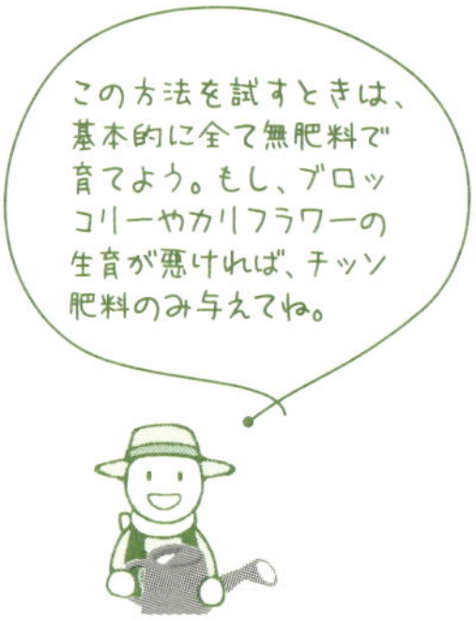
この方法を試すときは、基本的に全て無肥料で育てよう。もし、ブロッコリーやカリフラワーの生育が悪ければ、チッソ肥料のみ与えてね。

自然に近い有機物の循環

クリーニングクロップとして栽培した作物には過剰な養分が蓄えられているので、プロの農家なら、刈り取って別の場所に緑肥や堆肥として鋤き込むことが多いのですが、家庭菜園では、刈り取るために労力がかかり、また、もし刈り取ったとしても、それを置いておくスペースにも限りがあります。そのため、その畑や菜園に緑肥として鋤き込んでしまい、その後は施肥を控えて野菜や花を栽培するようにします。

いずれにしても、養分過多の土に有機物を施す手段としては、緑肥が最も効果的です。くり返しますが、堆肥や有機質肥料では、どうしても外から養分を持ち込んでしまいますが、緑肥はその土で育てた作物なので、これ以上養分過多になることはありません。緑肥で土づくりをして、目的の野菜や花を収穫していけば、徐々に養分過多は解消されていきます。

植物は水と二酸化炭素を原料に、太陽エネルギーを介して炭水化物（有機物）と酸素を作り出します。その土地で育てられた作物を緑肥として土に還して、その有機物によって土づくりを行う。そして野菜や花を育てていくという仕組みは、まさに、有機物の地産地消ともいえるでしょう。

緑肥の効果②
～コンパニオンプランツ効果～

コンパニオンプランツとは

種類の異なる植物をいっしょに植えると、お互いの性質が影響し合って、病害虫の発生を抑えるなど、単独で育てるよりも元気に育つことがあります。このような相性がよい植物をコンパニオンプランツといいます。コンパニオンプランツには以下の効果があります。

- 害虫の発生を防ぐ。
- 病気を防ぐ。
- お互いの生育を助け合う。
- 草丈の差で日照を調節する。
- 肥料を分け合う。
- 益虫を集める。
- 土壌微生物の種類を多くする。

作物の生育を助ける万能なコンパニオンプランツはいろいろあります。例えば、野菜同士でいうと葉ネギとホウレンソウは抜群の相性です。しかし、エダマメやインゲンなどのマメ類と葉ネギとの相性はよくありません。このほかニラは、たいていの作物との相性がよく、アブラムシの発生を防ぎながら、お互いの生育を促進させてくれます。

緑肥作物の中の代表的なコンパニオンプランツとして、マリーゴールドがあります。マリーゴールドはセンチュウの活動を抑制する成分を分泌します。

また、ハーブ類もコンパニオンプランツとして有名で、例えばコリアンダーは、アブラムシやコナガ、コナジラミといった害虫の発生を防ぎます。

植物のアレロパシー効果

植物は自身を優先種とするため、他の植物を排除する能力があります。これをアレロパシー（他感作用）といいます。アレロパシーには植物が他の植物を抑える働きばかりでなく、病原菌を抑える働きや昆虫を忌避する働きもあります。しかし、病害虫は防げても養分や日照の取り合いなどの問題から一緒に植えない方がよいものもあるので、組み合わせを上手に選んで利用しましょう。

代表的な組み合わせ　ホウレンソウと葉ネギ

葉ネギを1カ月育てたのち、ホウレンソウの種をまき混植する

長ネギ、ニラなどのネギ属のほかにアスパラガスやショウガなど単子葉（発芽時に双葉でなく1枚の子葉）植物の野菜と、ホウレンソウ、コマツナ、ミズナなどの葉菜類の野菜とを組み合わせるとよい。

緑肥の効果③
～バンカープランツ効果～

バンカープランツとは

バンカープランツとは、農作物に害を及ぼす病害虫の天敵となるような昆虫などが集まりやすい植物をいいます。コンパニオンプランツの一種であり、病害虫の天敵を育てる植物という意味合いでバンカープランツ、あるいはおとり植物ともいわれています。バンカープランツには主に以下の働きがあります。

天敵温存で害虫防除

農薬を使わずに害虫防除ができることで、近年野菜農家での導入が増えています。例えば、ナスの害虫として「ミナミキイロアザミウマ」が知られていますが、これを食べる代表的な天敵が「ヒメハナカメムシ」です。この虫を呼び寄せるのがイネ科のソルゴーです。

生態系を豊かにする

限られた畑で続けて作物を栽培していると、土の中の生物相が貧しくなり、病害虫の大量発生を招くことにもなります。バンカープランツを植えると、土の中の生物相を豊かにして、土壌病害を

ヨモギ

畑などでよく見られる雑草で、緑肥として使われることは少ないが、アブラムシやハダニの天敵をふやす。

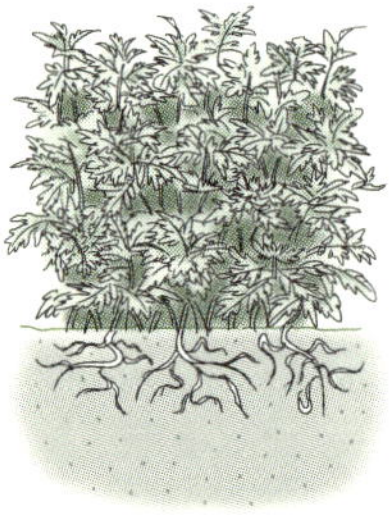

防いでくれるのはもちろん、さまざまな虫たちを呼び込んで、地表の生態系も豊かになり、害虫がふえるのを抑えてくれます。

畑を守る生け垣

バンカープランツの中で、例えば、畑の周囲にソルゴーやヒマワリなど背の高い植物を植えること（障壁作物）で、周囲の他の畑から飛来する病害虫の侵入を防ぐ役目があります。障壁作物はこれ以外に作物を風害から守ったり、農薬の飛散を防いだりもしてくれます。

■ソルゴーとナス

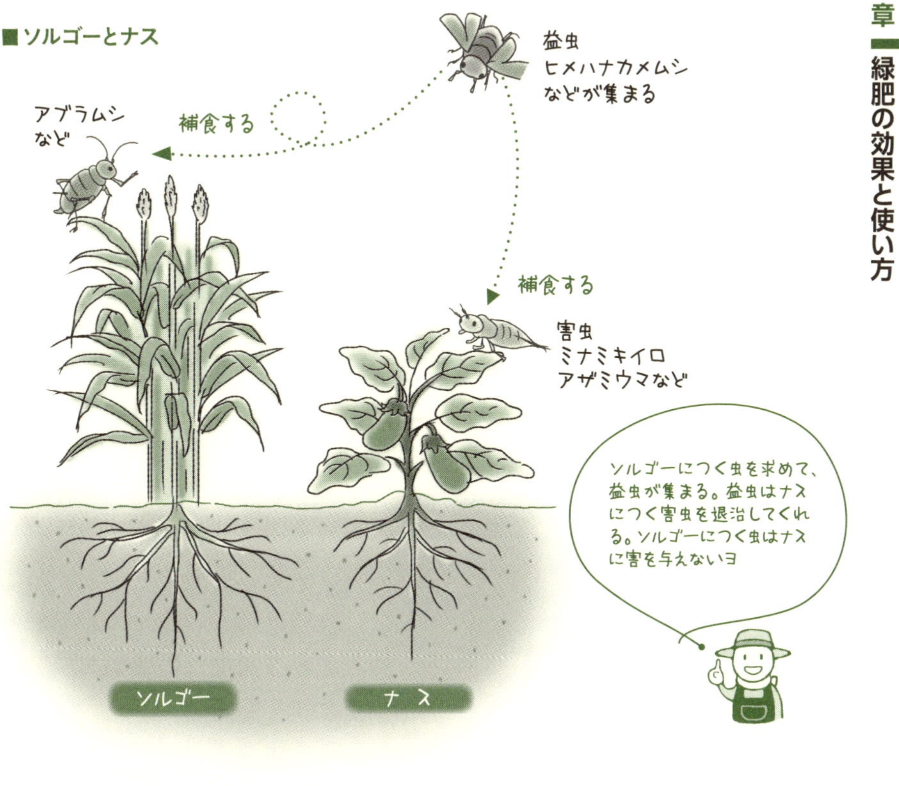
益虫
ヒメハナカメムシ
などが集まる
アブラムシ
など
補食する
補食する
害虫
ミナミキイロ
アザミウマなど
ソルゴーにつく虫を求めて、益虫が集まる。益虫はナスにつく害虫を退治してくれる。ソルゴーにつく虫はナスに害を与えないヨ
ソルゴー
ナス

緑肥の効果④
～有害センチュウの増殖を抑える～

センチュウとは何か

緑肥の効果として、作物に被害を与える有害なセンチュウの増殖を抑える働きが知られています。

センチュウとは、糸のように細長い袋状の動物（袋形《たいけい》動物門）で、ミミズの仲間とは違います。大半は落葉や土壌中のカビを食べたり、有害なセンチュウを捕食してくれたりして、作物にとっては無害なのですが、ごく一部が植物に寄生して被害を与えます。その主な種類が、ネコブセンチュウ、ネグサレセンチュウ、シストセンチュウの「三大寄生性センチュウ」です。

センチュウ
口部の形状

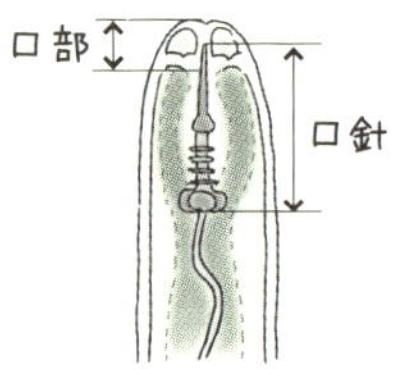
口部
口針

ネコブセンチュウ

トマトやナスなどのナス科、キュウリやカボチャなどのウリ科に多く発生します。ネコブセンチュウの侵入を受けた植物は、根の組織が盛り上がってコブができます。根が直接侵される結果、養分や水分を十分に取り込めなくなり、地上部の生育も弱り、収穫物の品質や収量は低下します。

センチュウの侵入

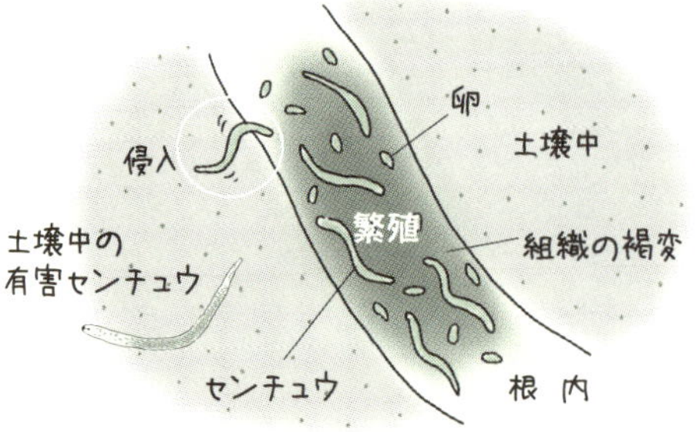
卵
土壌中
侵入
繁殖
組織の褐変
土壌中の
有害センチュウ
センチュウ
根 内

ネグサレセンチュウ

サツマイモやジャガイモ、トマト、サトイモ、ダイズ、キクなど極めて多くの植物に寄生します。塊根、球根、地下茎などに侵入し、侵入部位は褐色から黒色に、ときに赤色を帯び、植物の細胞を壊《え》死《し》させます。そのため、地上部の生育は悪くなり、葉は早期に枯れ落ちてしまいます。

シストセンチュウ

ダイズシストセンチュウやジャガイモシストセンチュウなど、種類によって寄生する植物がほぼ決まっています。はじめ、畑の一部に現れた発育不良の部分が、だんだん周囲に広がって黄化症状を引き起こしていきます。

緑肥による抑制メカニズム

緑肥による主な有害センチュウに対する抑制メカニズムとして、次の３つが知られています。

❶マリーゴールドやシロカラシなど、体内で殺センチュウ物質を作り退治します。

❷エンバクなど、センチュウを根に侵入させるものの、根の中で成長を止めたり、増殖を抑えたりします。

❸アカクローバーやクロタラリアなど、シストセンチュウを孵《ふ》化《か》させるものの、その栄養源とはならないため、シストセンチュウを餓死させてしまいます。

シストとは

卵が入った包のうのこと。シストセンチュウは、根や地下茎に侵入していた幼虫が成虫（メス）になるにしたがい、体が植物の組織の外に露出してくる。根から垂れ下がった状態のシストは、肉眼では針の頭ほどの大きさの乳白色の粒に見える。

センチュウ対策は土づくりから

センチュウというと悪者のイメージがあるが、地球上のあらゆるところに存在する生き物。有害なセンチュウが発生するのは、特定の作物を栽培し続けて微生物の種類が偏ったり、有機物の投入が少なかったりすることに、大きな原因がある。センチュウによる被害を恐がる前に、まずは、緑肥や堆肥などを使ってしっかりと土づくりに取り組んでいくことが先決。

緑肥使用の注意点

病原菌をふやす場合もある

植物の根から分泌される糖やアミノ酸あるいは死細胞などが微生物のエサとなるため、根の近く（根圏《こんけん》）には多種多様な微生物が集まります。逆に、微生物は土の中の有機物を分解し、根に養分を供給します。このように植物の根と土の中の微生物は共存関係にあります。

ただし、植物の種類ごとに、その根圏に生息できる微生物と、生息しづらい微生物がいるため、特定の作物ばかりを育てた土の中では、微生物の種類に偏りができて、連作障害の大きな原因になってしまいます。

多種多様な微生物を育むためには、多くの種類の作物を栽培し、さまざまな有機物を土の中に鋤き込むことが欠かせません。混植や輪作の一環として栽培でき、鋤き込むことで微生物のエサとなる緑肥は、土の生物性の改善にとても適しています。

しかし、増殖する微生物の中には、病原菌も存在します。生物相が富み、互いに拮抗関係が築かれている土では問題ありませんが、すでに病原菌による害が見られるようなら、緑肥の使用は避けましょう。土壌病害が多発する畑ではたとえ完熟

連作障害

毎年同じ作物を同じ畑に植えていると、土の中に残った過度な肥料成分や、前作から生き残っている病原菌などにより、発育低下を起こしたり病気になったりする。

堆肥でも病原菌をふやすこともあるので十分な注意が必要です。

タネバエの発生に注意

緑肥を鋤き込むさいに、もう一つ気をつけなければならないことがあります。それは、春先に緑肥をたくさん鋤き込むと、タネバエが大量に発生してしまうことです。

タネバエとは日本全土に分布する害虫で、種子の中に卵を産みつけるため発芽が悪くなります。幼虫は白色～乳白色のウジ虫で老熟幼虫は６mmくらいの大きさになります。成虫は５mm程度の大きさのハエで、未熟堆肥や鶏ふん、油カスなどの有機物の腐った臭いのする所や、耕起したばかりの湿った土に集まり、土の塊が地面と接している部分などに点々と、またはまとめて産卵します。

３月下旬～４月上旬頃から羽化し始め、年５～６世代を繰り返します。一般に春と秋に産卵数が多く、夏は産卵数が少なくなります。

成虫は未熟な有機物に誘引されるため、タネバエの発生を防ぐには完熟堆肥を施すことが基本です。緑肥や未熟堆肥を鋤き込む場合には、タネバエが羽化する春先以外に使い、早めに鋤き込むようにします。また、水分の多い状態で耕起すると成虫を誘引してしまうので、土の湿気がほどよい時に早めに耕し、整地しておきます。

雨が多く土壌水分が多いと産卵数が多く、幼虫の生存率が高まる傾向があるから、注意してね。

緑肥の種まきと鋤き込み方

種まきのポイント

野菜や花と同じように、種のまき方は、①畝《うね》など土の表面に均一に種をまく「ばらまき」、②溝を作って列を成すように種をまく「条《すじ》まき」、③一定の間隔でくぼみを作り、そこに数粒ずつ種をまく「点まき」があります。緑肥は輪作の一環として、育てることが多いので、ばらまきや条まきで種をまくことが一般的です。

種をまくとき気をつけたいのが、覆土《ふくど》とその厚さです。特に、マメ科のヘアリーベッチやイネ科のエンバクの品種の中には、大粒の種のものがあり、それらは地表面に置かれただけでは、水分をうまく吸収できず、発芽することができません。また、鳥が畑や花壇に降りてきて、種を食べてしまうこともあります。

そのため、種をまいたら、必ず覆土するようにします。その後、土を軽く鎮圧しておくと、種が水分を吸収しやすくなり、発芽を早めて、順調に茂るようになります。

覆土する厚さは、種の直径の3～5倍をめやすにしておくとよいでしょう。

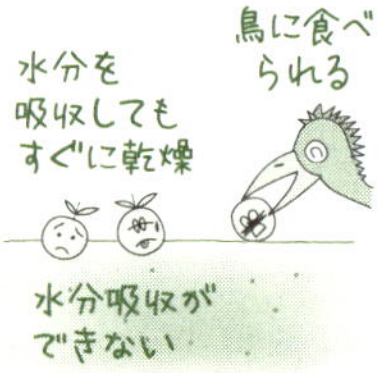
水分を
吸収しても
すぐに乾燥
鳥に食べ
られる
水分吸収が
できない
覆土がないと

土壌中の水分を
効率よく吸収
発芽をよくする鎮圧は
多収のポイント

鋤き込みのポイント

農家であれば規模が大きいので、トラクターやロータリーなどの農業機械を使って鋤き込みますが、家庭では、スコップやホーなどの農具があれば十分です。

基本的には、スコップなどで緑肥作物を根から掘り上げて倒伏させ、そのまま土の中に埋めておきます。分解を早く進めさせたい場合は、あらかじめ、鎌《かま》や鉈《なた》などで作物の茎葉を細かく切断しておいてもよいでしょう。

もし、小型耕うん機を持っていれば、マリーゴールドやクローバーなど草丈の低いものなら、そのまま倒伏させながら、鋤き込んでしまうこともできます。

緑肥は青刈りが基本

緑肥の鋤き込みは葉色が緑色の状態で、体内にもっとも有機物を蓄えているときが最適です。成熟して葉が黄化してから鋤き込んだのでは、土の中での分解に時間を要します。

また、種ができてから鋤き込んでしまうと、後で芽を出してしまい、除草作業が大変です。緑肥は青刈りを基本とし、必ず種をつける前に鋤き込むようにしましょう。

鋤き込む時期も重要

緑肥は未熟堆肥と同様に、種まきや苗の植えつけの約1カ月前に鋤き込んで、土の中で十分に分解させておくのが鉄則。鋤き込んだ直後は、チッソ飢餓や二酸化炭素によるガス害が起こりやすくなるのが、その理由。鋤き込むときに微生物のエサとなる石灰チッソなどを施しておくと、分解を早めることができる。

緑肥作物の種類と特徴

ソルゴー

ソルゴー（ソルガム）は、緑肥作物の中でも生育が旺盛で、草丈も高く生長します。そのため、短期間に多くの有機物が作られるので、高い土壌改良効果が期待できます。

また、チッソやカリの吸収量が多く、前作で残留した養分と有機物を還元します。

種まき

１日の平均気温が15℃以上になれば種まきができます。暖地では５～８月、寒地では６～７月がめやすとなります。１㎡あたり４～６ｇ、条《すじ》まきかばらまきして１～２㎝程度、覆土します。

鋤き込みのポイント

鋤き込む時期は露地の場合、後作の種まき、または苗の植えつけの約1カ月前です。

トラクターで立毛のまま鋤き込むと手間がかからないのですが、家庭菜園では、スコップやホーなどを使って、根ごと掘り出して倒伏させて、そのまま土に埋めておくのがもっとも手間のかからない方法です。分解を早く進めたいなら、鎌や鉈

ソルゴー

生育が早く、再生力も強いので、短期間に多くの有機物の生産ができる。草丈が高いので障壁効果もある。

で茎を5cmくらいに裁断して鋤き込んでもよいでしょう。

ソルゴーは根張りがよいので、なるべく深く均一に鋤き込むようにします。

畑の障壁作物として使う場合

ソルゴーはイネ科の植物ですから、草丈が80〜100cm、品種によってはそれ以上に育ちます。花が咲き、穂ができそうになったところで、いったん刈り込んでおくと、再生する過程で、わき芽が伸びてどんどん茂っていくので、畑の障壁作物としても最適です。

例えば、菜園の周囲にソルゴーを3〜4条植えておきます。こうすると、飛来してくるカメムシやコガネムシ、ヨトウムシなどの害虫の障壁となってくれます。また、バンカープランツとして前述したナスとの組み合わせはとても有名ですが、この他にも、キャベツやハクサイ、ホウレンソウ、コマツナなどを育てるときにも有効です。

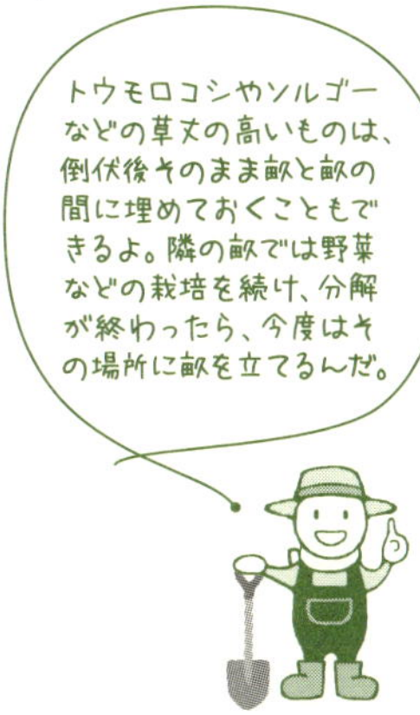
トウモロコシやソルゴーなどの草丈の高いものは、倒伏後そのまま畝と畝の間に埋めておくこともできるよ。隣の畝では野菜などの栽培を続け、分解が終わったら、今度はその場所に畝を立てるんだ。

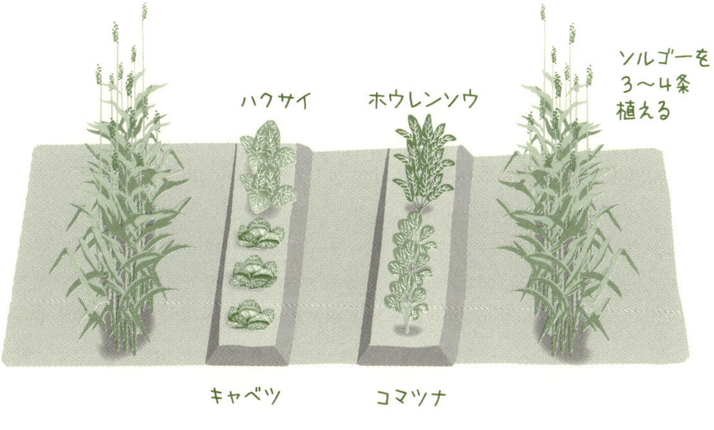
ハクサイ
ホウレンソウ
ソルゴーを3〜4条植える
キャベツ
コマツナ

エンバク

イネ科のムギの仲間も緑肥として使われていますが、エンバクはその代表選手です。有害センチュウに対する対抗作物として利用されることが多く、品種ごとに、キタネグサレセンチュウやサツマイモネコブセンチュウなど、抑制・撃退できるセンチュウの種類は異なります。また、ダイコンなどアブラナ科の作物を食害するキスジノミハムシの発生を抑制する品種もあります。

ソルゴーよりも茎葉は細いのですが、株が分かれる「分《ぶん》けつ」は多く、初期生育も旺盛です。短期間で有機物が作られるので、輪作の中に組み込みやすい作物です。

種まき

寒地では5～8月になりますが、暖地で3～11月の間で種まきできます。ただし、品種によっては、7～8月の真夏を避けたほうがよいものもあります。

種をまく量は、1㎡あたり8～10gがめやすで、条まきかばらまきして、1cmほど覆土します。このとき、しっかりと鎮圧することが大切です。

鋤き込みのポイント

鋤き込む時期は、後作の種まき、または苗の植えつけの約1カ月前です。エンバクの穂が実ってくる時期（穂バラミ期）以降は、倒伏しやすくな

エンバク

連作障害などにより発生する根菜類のキタネグサレセンチュウや、アブラナ科の害虫、キスジノミハムシの密度を抑制する。

るので、その前をめどに鋤き込むようにしましょう。スコップやホーで根から掘り起こして倒伏させ、土の中に埋めてやります。

カボチャと混植する場合

エンバクはコンパニオンプランツとしても利用できます。カボチャとの混植を例にみてみましょう。

カボチャのひげつるがエンバクに巻きつき、カボチャを強風から守ることで、カボチャのつるが土壌表面で安定し、樹勢が強くなります。また、エンバクがマルチの役目も果たしてくれるので、カボチャの生育を促進してくれます。

菜園では、畝幅150cm、畝間180cm、株間90cmの畝を準備しておきます。ここにエンバクの種をばらまきし、その約１週間後にカボチャの苗を植えつけます。カボチャを収穫したら、エンバクは土の中に鋤き込んでおきます。

うどん粉病対策にもなる

エンバクは朝、葉先の水口から水滴を出すが、これがカボチャのうどんこ病菌を浸透圧の関係で破裂させ、カボチャのうどんこ病を防いでくれる。

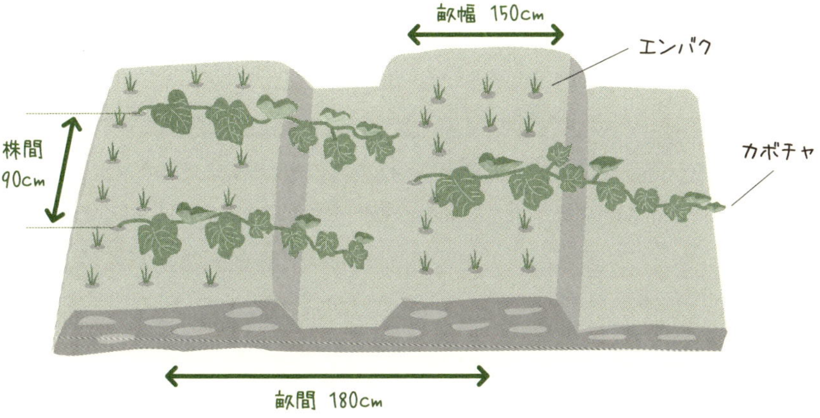

マリーゴールド

ネコブセンチュウやネグサレセンチュウの対抗作物として、昔から知られているのがマリーゴールドです。生育期間中に根から分泌される物質で、有害センチュウの繁殖を抑制します。

緑肥用の品種としては‘アフリカントール’が有名で、大輪種のアフリカンタイプに属します。小輪種のフレンチタイプよりも草丈が高く、60～70cm以上になるため、有機物の補給も期待できます。

また、黄色やだいだい色の美しい花をつけるので、景観性にも優れています。

種まき

暖地では4～7月、寒地では4～6月上旬がまき時期で、どちらとも8月に開花します。ただし、寒地では初期生育が遅くなる場合があるので、じかまきよりも、育苗して苗を植えつけると安心です。

幅60～70cmの畝に、10cmの間隔で5～6粒程度、点まきにします。

鋤き込みのポイント

スコップやホーで根っこから掘り返して倒伏させ、土の中に埋めます。小型耕うん機があれば、立毛のまま鋤き込むこともできます。

マリーゴールド

各種のネコブおよびネグサレセンチュウの繁殖を抑制する。黄色やだいだい色の美しい花をつけるので、景観用としても優れている。

ダイコンと混植する場合

マリーゴールドとダイコンを混植すると、ダイコンに発生しやすいネコブセンチュウの活動を抑制してくれるほか、ダイコンなどアブラナ科を好むコナガ、モンシロチョウ、ハムシなどの害虫を退けてくれます。

ダイコンの栽培は１年中可能ですが、最も病害虫が発生しやすい夏に、この方法で栽培してみるとよいでしょう。連作にも強くなるため、そのまま秋まきダイコンの畑としても利用できます。

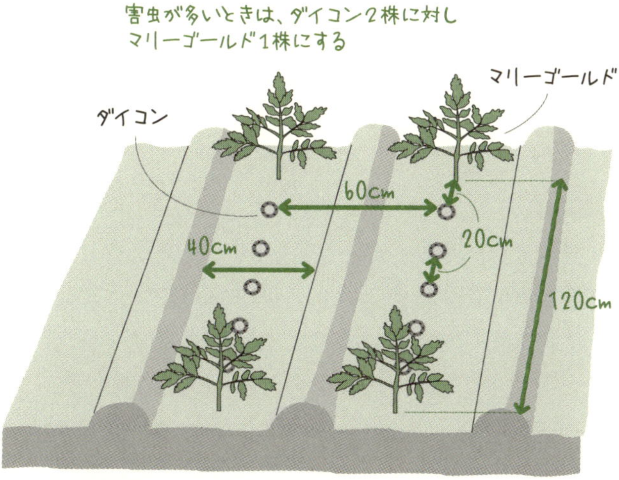

害虫が多いときは、ダイコン２株に対し
マリーゴールド１株にする
ダイコン
マリーゴールド
60cm
40cm
20cm
120cm

ダイコン５株に対し、マリーゴールド１株になるようにし、畝間を60cm、畝幅40cm、株間を20cmとする。はじめにマリーゴールドを５～６粒ほど点まきしておき、本葉が４枚ほどになるまで間引いて１株にする。その後、ダイコンの種を３～５粒点まきする。

マリーゴールドの初期生育が遅い心配があれば、じかまきせずに、ポットなどで育苗したものを植えつけるとよい。

本葉４枚以上に
なったら定植する

クローバー

別名、シロツメクサとも呼ばれます。マメ科の植物で、根に棲む根粒菌が大気中のチッソを固定し、それを体内に取り込むことができます。炭素率（C／N比）が低いので、土の中での分解が早くなります。

主根は深く伸び、支根は地表近くに広がります。冷涼で湿潤な気候に適しますが、夏の高温にも耐えられ、土壌条件に対する適応性もあります。地表を伝う「ほふく茎」を出して繁茂するため、雑草をよく抑制します。

また、地表に咲き乱れる白色の花は、景観性にも優れています。

種まき

暖地では、9月中旬～11月にまいて越冬させ、6月に開花を迎える作型と、3～6月上旬にまいて7月に開花を迎える作型、寒地では、4～8月にまいて7月以降に開花を迎える作型が標準です。1㎡あたり2～3gばらまきし、その後、種がかくれる程度に覆土して鎮圧します。

鋤き込みのポイント

スコップやホー、鍬などで、立毛のまま鋤き込み、土と均一に混ざるように耕しましょう。

クローバーを鋤き込んだら、チッソ肥料の施量は控えるようにしよう

夏キャベツと混植する場合

マメ科のクローバーとアブラナ科のキャベツは、根圏に生息する微生物の種類が重ならないため、混植すると多様な微生物が育まれ、生物性の改善につながります。

また、クローバーにはキャベツの害虫であるアブラムシやヨトウムシが寄生しますが、それをエサとする天敵もやってくるので、バンカープランツとしての効果も期待できます。

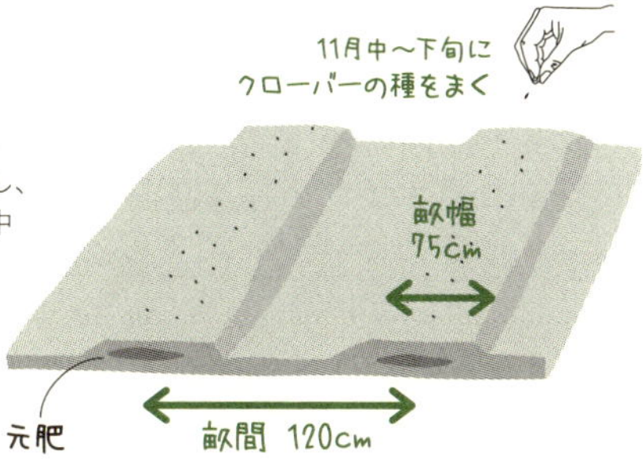

菜園では、畝幅75cm、畝間120cmの畝を準備し、クローバーの種を11月中～下旬にまいておく。

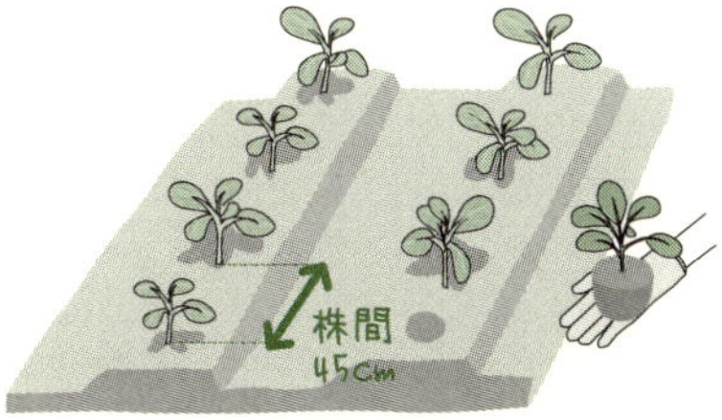

5月上旬に、別の場所で育苗したり、購入したりして入手したキャベツの苗を、株間45cmの間隔で植えつける。

夏に入り、クローバーが繁殖してきたら、長めに刈り取って、マルチとして利用してもよい。

クリムソンクローバー

クローバーの仲間の１年草で、深紅のストロベリー状の美しい花をつけます。ダイズシストセンチュウの対抗作物として使われることが多いのですが、景観性にも優れ、緑肥以外にも切花や鉢植えとしても利用できます。

種まきのめやすは、暖地では９月下旬～11月中旬（開花５月）と３～４月中旬（開花６月）、寒地では４月中旬～６月（開花7月）です。 種をまく量や鋤き込み方は、クローバーに準じます。

混植の例としては、タマネギとの組み合わせが考えられます。大気中のチッソを固定してタマネギの生育を促してくれるほか、花にはタマネギの害虫であるスリップスやアブラムシが増殖するので、それをエサにする天敵を呼び寄せてくれます。

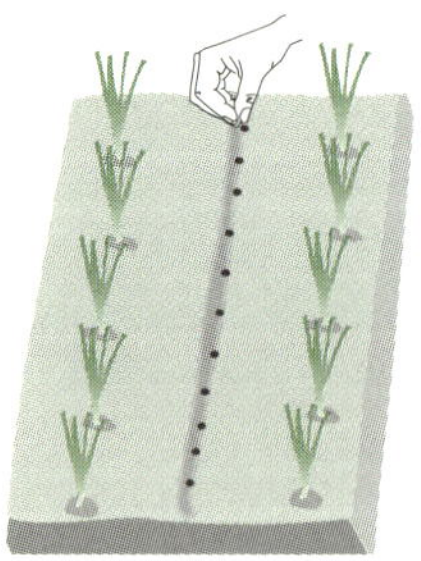

タマネギの苗を、11月に条間60cm、株間９cmで植えつけておき、数日後、その条間にクリムソンクローバーの種を条まきする。

タマネギの収穫期となる６～7月には、条間に深紅の美しい花々が咲く。

タマネギは全体の約8割が倒伏した頃、天気のよい日にすべてを引き抜く

ヒマワリ

初期生育が旺盛で、すぐ土壌表面を覆ってしまうので、雑草をよく抑えます。種まき時期は５～８月と幅が広く、茎葉も大きく生長し有機物の生産量も多いので、緑肥作物として優れています。また、 美しい大輪の花をつけるので景観用としても最適です。

開花期の草丈が２ｍ以上になる品種もあるので、家庭菜園では畑全面で育てるよりも、ソルゴーのように障壁作物として利用するとよいでしょう。菜園を囲うようにびっしりと植えると、風害はもちろん、花がスリップスやコガネムシなどの害虫を誘引して、中に植えている作物を害虫から守ってくれます。

１㎡あたり２gをめやすに条まきかばらまきし、軽く覆土をして鎮圧します。

鋤き込むさいは、スコップやホーで根ごと掘り上げて倒伏させ、そのまま土の中に埋めてやります。または、茎葉を事前に鉈や鎌で５cm程度に細断して、土と均一になるように鋤き込むようにしてもよいでしょう。

ヒマワリ

初期生育が旺盛で土壌の被覆が早い。雑草が生えるのを防ぎ、よく抑える。美しい大輪の花は景観用として最適。

シロカラシ

初期生育が早く、短期間で高収量が得られ、有害センチュウの対抗作物として知られます。花は黄色で、開花期の草丈は１m以上になります。

暖地では、秋まきだと９～10月（開花３～４月）、春まきだと３～４月（開花６月）が種まきの時期で、春に黄色の花が咲いて景観用にも最適です。

１㎡あたり２～３gの種を条まきかばらまきし、軽く覆土をして鎮圧します。鋤き込むときは、根ごと堀り上げて倒伏させて土の中に埋めてやります。

コスモス

緑肥用のコスモスは、開花期の草丈が１～1.5mほどになり、他のコスモスに比べて有機物の生産量が多いという特徴があります。また、秋には赤や白、桃色の花が咲き乱れ、水田の転作用や景観用として、町おこしなどのイベントにも利用されます。

種まきは、暖地では４～６月下旬（開花７月）、寒地では５月中～下旬（開花8月）で、１㎡あたり１g程度ばらまきし、種が隠れる程度に覆土して軽く鎮圧します。茎葉はやわらかいので、スコップやホー、鍬などで、立毛のままで、できるだけ均一に鋤き込んでやりましょう。

コスモスなど花を咲かせる緑肥は、ミツバチやチョウなど、花の蜜を求めて飛来する「訪花昆虫」を呼び寄せる。

■緑肥作物の土壌への作用とその効果

『緑肥を使いこなす』橋爪健 著（農文協）より一部改変

効果	項目と適した緑肥作物	
物理性の改善	団粒構造の形成	すべての緑肥に共通するが、とくにトウモロコシ、ソルゴー、エンバクによる粗大有機物の鋤き込みは土壌中の孔隙率を増加させ、単粒化した土壌粒子を団粒化する。とくに根系が発達したイネ科作物による効果が大きい。
	透水・排水性の改善	アカクローバー、クリムソンクローバー、シロカラシ、セスバニアなど、深根性のマメ科作物の根が土壌中に深く侵入し、透水性や排水性を改善する。
化学性の改善	保肥力の増大	すべての緑肥に共通するが、とくにソルゴー、トウモロコシ、エンバクなどイネ科緑肥作物は、土壌に鋤き込まれて、微生物に分解されて、後に腐植となる。腐植は肥料成分の陽イオンを吸着し、その流亡を防ぐ。
	クリーニングクロップ	ソルゴー、ギニアグラス 土壌中の過剰塩類を吸収する。
	空中チッソの固定	クリムソンクローバー、クローバー、レンゲなど、マメ科植物は根に根粒菌が着生。空中チッソを固定し、土壌を肥沃化する。
	菌根菌によるリン酸の有効利用	ヒマワリ、クリムソンクローバー、レンゲなど、菌根菌が着生する緑肥はリン酸の利用率を高める。
生物性の改善	土壌微生物の多様性の改善	緑肥作物の根はムシゲル（糖類の一種）を放出し、根圏にはこれをエサとする多くの微生物が増殖する。
	土壌病害の抑制	エンバク、トウモロコシなど。緑肥の導入により輪作体系が築かれ、とくにイネ科の豊富な根圏は微生物の増殖につながり、土壌病害の軽減となる。
	有害センチュウの抑制	キタネグサレセンチュウ▶エンバク野生種、スーダングラス キタネコブセンチュウ▶エンバク野生種などイネ科緑肥作物 ミナミネグサレセンチュウ▶エンバク野生種 サツマイモネコブセンチュウ▶ソルゴー、クロタラリア ダイズシストセンチュウ▶アカクローバー、クリムソンクローバー
環境保全	景観美化	黄色▶シロカラシ、ヒマワリ　紫▶アンジェリア 深紅▶クリムソンクローバー　ピンク▶レンゲ
	障壁（防風）作物	エンバク、ライムギ
	ドリフトガードクロップ	ソルゴー、ヒマワリ

コラム

土づくりの道具

土づくりに使う道具は、土を掘ったり、堆肥を鋤き込んだり、落葉をかき集めたりするため、刃先に金属を使ったものが多くなります。作業後にきちんと手入れして、長く使っていきましょう。

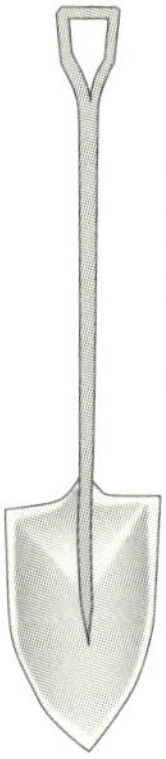

丸形スコップ

刃先がとがった丸形スコップは、掘ったりすくったりする作業に適した万能スコップ。

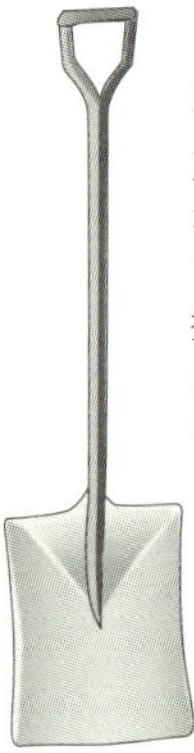

角形スコップ

刃先が広く、平らになっている角形スコップは、土をすくって運搬するのがスムーズ。また、土を混ぜ合わせるのにも便利。

三角ホー

先がとがった三角形で、両サイドとも刃がついているものが多い。畑の除草作業や畝の修復、溝づくりなどにも使用。除草作業には立ったまま使用できるので、広い畑地でも腰に負担がかからない。

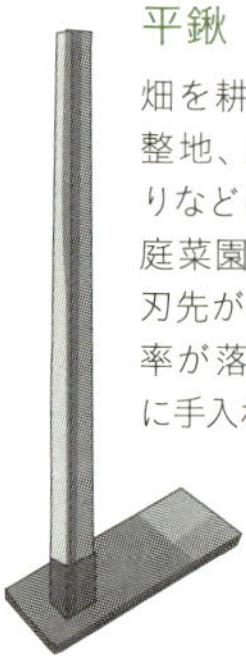

平鍬

畑を耕したり、畝立て、整地、土寄せ、溝づくりなどに利用できる家庭菜園の必須アイテム。刃先がさびると作業効率が落ちるので、まめに手入れをする。

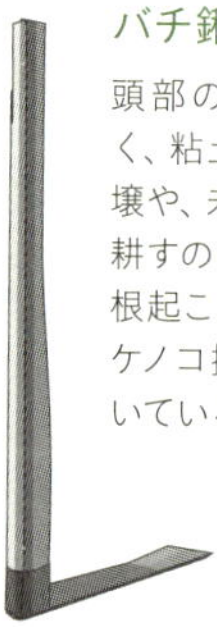

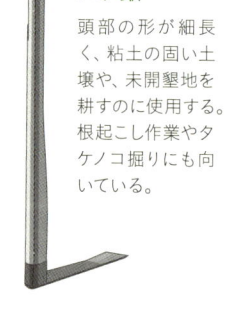

バチ鍬

頭部の形が細長く、粘土の固い土壌や、未開墾地を耕すのに使用する。根起こし作業やタケノコ掘りにも向いている。

耕うん機

耕うんのほかに、畝立てや中耕、除草、土寄せなど、重労働を軽減。広い畑地や固い土壌の畑で役立つ。

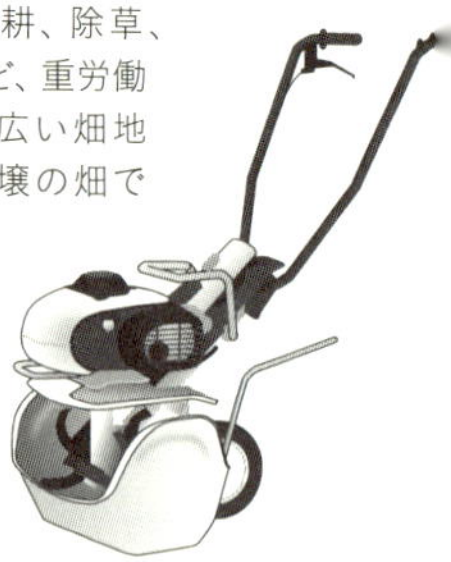

スコップやホー、鍬は堆肥や緑肥を鋤き込んだり、土を耕したりする時に欠かせない道具。それぞれに特徴があるので、用途に合わせて道具を使い分けよう。

くま手

落葉のかき寄せや、ゴミの収集、芝生の刈り込み後の清掃などに使用。

アメリカンレーキ

柄の長さ130cmがスタンダードだが150cmの長いサイズもある。アルミ製やスチール製がある。

片手レーキ

雑草や落葉をかき集めたり、耕した後の表土をならして整地するときに利用する。

じょうろ

水を貯めるタンクの容量はさまざま。多いと一度に多量の水やりができるが、持ち運びに負担がかかるので、状況によって選びたい。

バケツ

土や肥料、水などの運搬に使う。ゴミや草の収集時にも利用できるので、一つは用意しておきたい。

メジャーバケツ

液体肥料や薬剤を水で薄めるときに分量を計りやすい。注ぎ口があると、じょうろや噴霧器にも移しやすいので便利。

コンテナ栽培で便利な道具

土ふるい

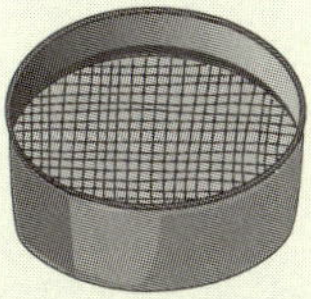

土をふるって、ゴミや小石などを取り除いたり、土の粒をそろえたりするときに使用する。網の目の大きさがいろいろある。目的別に網を交換できるものもある。

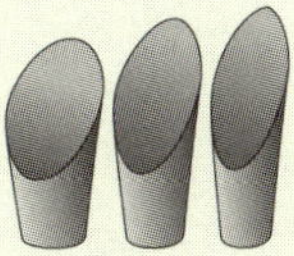

土入れ

土を鉢などに入れるときに使う。さびにくく長持ちするステンレス製がよい。

移植ごて

苗や球根を植えるための穴を掘ったり、収穫後枯れた株を掘り上げたりするときに使う。ステンレス製、スチール製、アルミ製、クロムメッキ製などさまざまな素材がある。

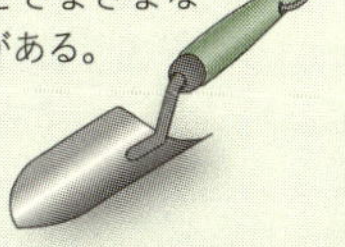

index

index

参考文献

『家庭菜園の土づくり入門』　村上睦朗、藤田智（家の光協会）

『家庭でできる堆肥づくり百科』
デボラ・L・マーチン、グレイス・ガーシャニー（家の光協会）

『農薬に頼らない家庭菜園 コンパニオンプランツ』
木嶋利男（家の光協会）

隔月刊誌『やさい畑』（家の光協会）

『図解 ベランダ・庭先でコンパクト堆肥』
藤原俊六郎、加藤哲郎（農山漁村文化協会）

『堆肥のつくり方・使い方』　藤原俊六郎（農山漁村文化協会）

『有機栽培の肥料と堆肥』　小祝政明（農山漁村文化協会）

『用土と肥料の選び方・使い方』　加藤哲郎（農山漁村文化協会）

『緑肥を使いこなす』　橋爪健（農山漁村文化協会）

『「生ゴミ堆肥」ですてきに土づくり』　門田幸代（主婦と生活社）

●カバーデザイン　戸井田 晃

●本文イラスト　陳帥君、密照匡倫

●デザイン・DTP制作　寺澤敏恵、遠藤真樹、服部明恵、陳帥君、並木千賀子
（ハッピージャパン）

●校 正　高橋智子

指導・監修

後藤逸男（ごとう・いつお）

東京農業大学 応用生物学部 生物応用化学科教授（農学博士）。専門分野は土壌肥料学。農業生産現場に密着した実践的土壌学をめざし、現在は野菜・花き生産地の土壌診断と施肥改善対策などについて研究している。著書に『根こぶ病 土壌病害から見直す土づくり』（農文協、2006年、共著）。農家のための土と肥料の研究会「全国土の会」会長。

イラスト 基本からわかる
堆肥の作り方・使い方

2012年 3 月 1 日　第 1 刷発行
2023年 4 月15日　第 8 刷発行

監修者　後藤逸男
発行者　河地尚之
発行所　一般社団法人 家の光協会
〒162-8448　東京都新宿区市谷船河原町11
電話　03-3266-9029（販売）
03-3266-9028（編集）
振替　00150-1-4724

印刷・製本　株式会社リーブルテック

ISBN978-4-259-56356-1 C0061